中华文化公开课

饮食文化十三讲

李世化 ◎ 著

U0261005

当代世界出版社
THE CONTEMPORARY WORLD PRESS

图书在版编目（CIP）数据

饮食文化十三讲 / 李世化著 . –– 北京：当代世界
出版社 , 2019.5
（中华文化公开课）
ISBN 978–7–5090–1365–6

Ⅰ . ①饮⋯ Ⅱ . ①李⋯ Ⅲ . ①饮食—文化—中国
Ⅳ . ① TS971.2

中国版本图书馆 CIP 数据核字 (2018) 第 125768 号

饮食文化十三讲

作　　者：李世化
出版发行：当代世界出版社
地　　址：北京市复兴路 4 号（100860）
网　　址：http://www.worldpress.org.cn
编务电话：（010）83907528
发行电话：（010）83908410
　　　　　（010）83908377
　　　　　（010）83908423（邮购）
　　　　　（010）83908410（传真）
经　　销：新华书店
印　　刷：河北华商印刷有限公司
开　　本：710mm×1000mm　1/16
印　　张：16
字　　数：300 千字
版　　次：2019 年 5 月第 1 版
印　　次：2019 年 5 月第 1 次
书　　号：ISBN 978–7–5090–1365–6
定　　价：39.80 元

　　饮食与人类的生活密不可分，纵观中国几千年的文明史，人们对饮食的认识逐渐深入，饮食文化的变迁在某些方面就是社会发展变化的缩影。与饮食相关的一些发明，诸如农耕、制陶、水利灌溉、天文历法、食疗、食物保存技术等科学技术，对历史产生了深远的影响。中国的饮食文化不是孤立存在的，其中包含了中国哲学思想、诸子百家的伦理道德观念、中医养生观念、审美情趣、民族性格特征、食品科技和文化艺术成就等。

　　常言道：民以食为天。中国人讲吃，不仅是一日三餐，解渴充饥，它往往蕴含着中国人认识事物、理解事物的哲理。一个小孩子生下来，亲友要吃红蛋表示喜庆。"蛋"表示着生命的延续，"吃蛋"寄寓着中国人传宗接代的厚望。孩子周岁时要吃，十八岁时要吃，结婚时要吃，到了六十大寿，更要觥筹交错地庆贺一番。这种吃，表面上看是一种生理满足，但实际上"醉翁之意不在酒"，它借吃这种形式表达了一种丰富的心理内涵。吃的文化已经超越了"吃"本身，获得了更为深刻的社会意义。当饮食被提升到了文化高度，它就反映了社会的发展、历史的进程、道德伦理观念的变化以及人们的艺术审美观念。

　　中华饮食文化就其深层内涵，可以概括成四个字：精、美、情、礼。这四个字反映了饮食活动过程中饮食品质、审美体验、情感活动、社会功能等所包含的独特文化意蕴，也反映了饮食文化与中华优秀传统文化的密切联系。作为炎黄子孙，我们对中华饮食的追求不能仅局限于菜肴的色、香、味等方面，更应该深入地去了解中华饮食文化的内涵，并将饮食升华为一种愉悦心灵的精神盛宴。

本书从饮食探源、饮食思想、饮食礼仪、饮食器具、饮食流派、饮食典故、饮食典籍等方面出发，从各个角度呈现出了中华饮食文化的全貌。在有限的篇幅内将知识性、趣味性和可读性巧妙地结合在一起，用深入浅出的语言和精美的图画，图文并茂地描述了中华饮食文化的历史发展、故事传说、趣闻轶事，为读者呈现出一幅丰富多彩的饮食文化画卷，这不仅让读者的心灵和佳肴相互交流，更使得人们的肠胃和品位相互沟通。

几千年来，中华饮食文化在滋养着炎黄子孙的同时，也对世界其他地区的人们产生着影响，遍布世界的中餐馆受到了各国人民的广泛欢迎和喜爱。可见，饮食文化已经成为了世界了解中国的一个重要途径和窗口，中国人的烹饪技术、风味名吃、各大菜系在世界范围内都享有盛誉。在中华五千年的文明史中，饮食文化不仅给予了华夏子孙生存的源动力，更是一位孜孜不倦的精神导航者，牵引着历史的航船和社会文明的前进脚步。弘扬和继承中华饮食文化，不仅能提高现代人的生活品位和质量，更能给后代留下丰富的精神财富。

目录
CONTENTS

第三讲　中华饮食礼仪

第四讲　中华饮食器物

第五讲　中华节日饮食

第六讲　中华礼仪食俗

第七讲　中华饮食流派

第八讲　中华饮食盛宴

第九讲　中华食品文化

第十讲　中华调料文化

第十一讲　中华传食经要

第十二讲　中华文艺与饮食

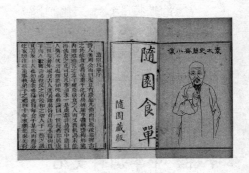

第十三讲　中华饮食典故

第一讲

中华饮食溯源

有巢氏茹毛饮血

旧石器时代初期，人类还未彻底摆脱野性，饮食停留在"茹毛饮血"的生食状态，还没有饮食文化。有巢氏教会人们猎取动物和采集野果为食，还发明了肉类处理方法。

人之初，饮食是生存本能的需要。当人类还处在蒙昧时期时，先民们的饮食方式和一般的动物无异，寻觅一切可以充饥的动物和植物，直接生食。后世把这种饮食状态称为"茹毛饮血"。在饮食文化史上，这是史前的蒙昧时期。

中国上古时期，生产力低下，填饱肚子成为了每个部族的生存大事，因此很多部族首领都为满足族内饮食需求而钻研饮食，旧石器时代的有巢氏就是其中典型代表。

原始先民的饮食

中国很多史书中都记载有先民们在原始

◆ 茹毛饮血的旧石器时代先民

社会中的饮食状态。西汉《礼记·礼运》中记载："昔者先王……未有火化，食草木之实，鸟兽之肉，饮其血，茹其毛。"东汉班固在《白虎通义》中说："古之时未有三纲六纪，民人但知其母，不知其父……饥即求食，饱弃其余。茹毛饮血，而衣皮苇。"由此可知，那时的原始人还不懂得用火，所以只能是饿了生吃鸟兽的肉和草木的果实，渴了喝动物的血和溪里的水，冷了就披上兽皮。在当时，由于吃生食严重影响了人们的身体健康，人们的体质普遍比较差。

当时的先民们身上的动物特性并没有完全退去，因此在那段历史时期内不会有不适应生食的感觉。在《礼记·王制》中就曾经谈到了南方有不火食的"雕题交趾民"，人们认为 当地气候较暖，虽没有火食，也没有大害。随着时间的发展，人类开始渐渐地学会用火烧烤食物。

有巢氏的传说

先秦古籍记载了有巢氏的传说，人们认为"有巢氏"曾经是中国历史上最早的一位圣人。在《庄子·盗跖》中记载："古者禽兽多

◆ 有巢氏塑像

理方法。"脍"就是指用石刀把肉割成薄片食用，"捣"是用石锤把肉捣松散食用。这种饮食方法一直延续到了周代，"周八珍"中的"鱼脍"（生鱼片）和"捣珍"（松捣牛肉）即是此种饮食方法的体现。除此以外，有巢氏还发明了"脯"和"鲊"的肉食保存处理法，"脯"是把肉割成片风干，"鲊"是用盐和硝等化学原料揉制肉食并风干保存。

综上所述，有巢氏时代人们还没有懂得利用火来烧制食物，但他是中国饮食文化的起源。有巢氏教给了人们独特的取食途径，这对当时处于蒙昧状态下的人类来说是一项巨大的贡献。

而人民少，于是民皆巢居以避之。昼拾橡栗，暮栖木上，故命之曰有巢氏之民。"在《韩非子·五蠹》中记载："上古之世，人民少而禽兽众，人民不胜禽兽虫蛇，有圣人作，构木为巢以避群害，而民悦之，使王天下，号曰'有巢氏'。"《太平御览》中卷七八引《项峻始学篇》曰："上古穴处，有圣人教之巢居，号大巢氏。"

通过这些我们可以了解到，有巢氏是神话传说中的人物，也是原始巢居的发明者。人们认为，有巢氏帮助人们免受毒蛇猛禽的伤害，初步解决了人们的居住问题。从饮食的角度来看，他教会了先民们食用果实和猎取禽兽为食。

有巢氏的肉食发明

茹毛饮血的生活，常吃生肉，先民们的寿命一般都很短。为了让生肉便于食用和消化，有巢氏还发明了"脍"和"捣"的肉类处

茹毛饮血风俗余韵

古籍记载，南方的生食习惯多出现于唐朝及以后。这是因为隋朝以前，中国经历长期的南北分裂，南方情况得不到详细的记载。隋唐统一后，经济文化重心南移，南方的情况便陆续得到记载反映。南方少数民族地区还有保留饮血的风俗，西南一些少数民族还保留有"白旺"的饮血方式。白旺即鲜生血，方法是把杀猪、羊时喷出的鲜血注入加有椒盐的盆中，用筷子搅拌，再加上适量的姜汁、蒜汁等调料，到血凝成块时，大家用勺一口一口送进嘴里，据说口感香软。中国一些地区在杀鸡的时候，会把血留下，同切细蒸熟的腌牛肉拌起来吃，称之为"血红"。一些地区的人还喜欢吃生猪血、鸭血或羊血，先把生血盛在碗、盆里，加盐搅拌，不使凝结，另将煮好的禽畜肝、肺及菜趁热倒入生血搅拌，凝结后就可以吃了。

第一讲 中华饮食溯源

3

燧人氏教民熟食

燧人氏钻木取火，教民熟食，完全改变了人类饮食的现状，使原始饮食向健康饮食文明迈进，标志着人类告别野蛮，走向文明，是人类健康饮食文化的开端。

传说燧人氏钻木取火，火不仅把人类带入文明时代，更是人类一切文化发展的始祖和渊源，也是文明所需的一种特殊的物质形态。从原始人到现代人智慧产生的每一步都离不开火。火的出现也是饮食文化和烹饪历史的开端。

燧人氏的传说

中国历史上，燧人氏钻木取火的传说广为传颂，一些历史典籍中也有记载。《周礼》中说："燧人氏始钻木取火，炮生为熟，令人无腹疾"。《韩非子·五蠹》中说："上古之世，民食果、蔬、蚌、蛤、腥、臊。恶臭，而伤腹胃，民多疾病，有圣人作，钻燧取火，以化腥臊，而民说（悦）之，使王天下，号之曰燧人氏。"后汉徐干在《中论·治学》中也说："太昊观天地而画八卦，遂人察时令而钻火，帝轩闻风鸣而调律，仓颉观鸟迹而作书，斯火圣之学乎。"

在远古时代，人们过着茹毛饮血的生活。传说，当时有个燧明国，国内有一种树

◆ 原始人钻木取火

名叫燧木。猫头鹰用嘴去啄燧木时，燧木就发出火花。有一位圣人从中受到启发，就折下燧木枝，用燧木枝钻燧木，终于生出了火。后来，圣人把火种保存下来的同时，也把取火的方式传授给了大家，大家对他无比尊敬，称他为"燧人氏"。商丘是燧人氏生活、安厝之地，所以商丘的后人们尊称燧人氏为"火祖"。

据说，燧人氏还教会人类捕鱼，原来鱼、鳖、蚌、蛤一类东西，生的腥臊不能吃，懂得了取火的办法后，就可以烧熟来吃了。把猎获的禽、兽、鱼、虾直接放到篝火上烧烤，是最原始的烹饪方法。这种烹制熟食的方式，至少持续了一百几十万年。

燧人氏不仅开创了饮食文明的新纪元，同时也创造了以"石烹"为标志的一系列烹饪方法。这些主要方法有：炮，用火来直接烤果子、肉类等食物；煲，用泥裹果子和肉类之后再进行烧烤；炙，把肉割成小片串起来烧烤；烙，用烧红的石子把食物烫熟；焙，指先把石片烧热，再把植物种子放在上面炒熟；奥，也就是"熬"，将石器盛上水，把食物放在水里再移到火上煮。这些方法，至今还在影响着我们的生活。

人工取火点亮人类进化之路

在现代人看来，取火是一件轻而易举的事情，但是对于先民来说，从懂得用火烧制食物到发明人工取火，经历了漫长的历史时期。人类最早使用的是被称作"天火"的自然火。那时，原始人类在森林里群居，就经常会遇到雷电引起的大火。每次遇到大火时，人们就会发现在灰烬中的被烧熟的动物，当他们捡起来吃后，觉得熟食比生食好吃。于是，就把火种保留下来，用于烧制食物、照明和取暖。但是懂得使用火和保存火并不等于会制造火，只有当人类懂得制造火之后，先民们才真正进入饮食的熟食阶段。

火的用途在原始时代是有局限性的。归纳起来，人类只有利用火来烧制食物和取暖。此外，在一些紧急情况之中，人们还可以用火来防御猛兽的袭击和猎取野兽，它既是武器又是工具。自从人类懂得了人工取火，就再也不怕篝火熄灭了，他们逐渐成为了熟练运用火的主人。人类自从有了自己造出来的火，开始有比较稳定的火化熟食，减少了生食对人类健康的侵害，人类体质上越来越接近现代人，进化的速度也在加快。人工取火点亮了人类进化之路。

延伸阅读

商丘火文化

燧人氏在商丘钻木取火，开启了中华文明，点燃了中华智慧之火。燧人氏以降，每一朝代都有管火的官员，掌管着全国火的使用，其中有名的有炎帝、祝融和阏伯。燧皇陵与火神台（阏伯台）、燧人氏与阏伯，成为商丘独特的火文化景观。因此，商丘有"火都""火墟"的称谓，是火文化的源头。商丘人对"火源""火种""火神"的崇拜热情与中华"人间烟火""香火"的文化观念深深相连。商丘的"火神节"：人们怀着朝圣的心情，真情感激上苍对人类的恩典，是对人类生命生存的感恩，是对祖先几千年艰涩步履的追念。历经几千年的发展演化，"火"的不屈不挠、炽热滚烫的精神内涵，成为商丘人民世代传承的宝贵财富。燧皇陵、火神台、火神节庙会及火文化的习俗，这些体现火文化神奇魅力的载体，成为商丘庞大火文化的组成部分。

伏羲氏首创烹饪

伏羲氏教民结网从事渔猎畜牧，将驯服的牲口宰杀烧烤后摆上餐桌，启蒙了中国的饮食文化。用火烹饪的发明，改变了人类饮食结构和烹饪方式的变化，人的智力发育水准明显提高。

伏羲是中国古代传说中对华夏文明作出过卓越贡献的神话人物。伏羲，又作"宓羲、包牺、伏戏"，亦称"牺皇、皇羲"。伏羲本姓风，有圣德，像日月之明，故又称

◆ 伏羲女娲图

"太昊"。他始画八卦，造书契，在位十五年。伏羲是中华民族的人文始祖，他所在的时代以狩猎、采集、渔猎等生产形式为主。

根据《易·系辞》记载："古者包牺氏之王天下也，仰则观象于天，俯则观法于地，观鸟兽之文，与地之宜。近取诸身，远取诸物，于是始作八卦，以通神明之德，以类万物之情。作结绳而为网罟，以佃以渔，盖取诸离。"由此可知，伏羲氏对人类饮食方面的贡献一是织网捕鱼，创立了渔业；二是驯养牲畜，创立了畜牧业。不仅如此，伏羲还推广燧人氏用火加热食物的方法，让熟食逐步成为了中国饮食的主体组成部分。传说，伏羲曾去雷神那里借火，教人们用火来加热食物，并将燧人氏的那些炮、烙等方法普及。

伏羲的传说

历史上很多典籍都有关于伏羲的传说，其中他的出生和成婚都具有浓厚的神秘色彩。相传，伏羲是人面蛇身，他的母亲华胥在一个名叫雷泽的地方踩到了一个巨人的脚印而怀孕十二年后将他生出。后来，一场

洪灾吞噬了整个人类，只有伏羲和他的妹妹女娲幸存下来。为了使人类不遭遇灭绝，他俩就必须结为夫妻。但他们对兄妹成婚都有些抵触情绪，于是他们决定由天意来决定这件事。兄妹俩各自找来了一个大磨盘，并且分别爬上了昆仑山的南、北两山，然后同时往下滚磨盘，如果磨盘合在一起，就说明天意让他俩成婚。结果，磨盘滚到山下竟然神奇般地合二为一了。于是，他俩顺天意成婚，人类从此得以延续。

教民结网渔猎

相传，伏羲的很多发明都对人类的生产生活具有推动作用。他非常同情终日依靠采集野果度日且营养不良的人们，他发现河里、湖泊里有很多鱼，但是人们没有捕捉鱼的有效办法。人们经常采取的办法就是手提棍子等在水边，看鱼游来就打一棒，但是靠这种办法捕到的鱼很少。

一天，伏羲在大树下躺着，但是脑海里却依然苦思冥想着捕鱼的办法。正在此时，树上一个大蜘蛛正在树枝之间吐丝结网。等蜘蛛把网结好后，它就伏在中间等候着，不大一会儿，有几只虫子飞过来，撞在网上被捉住了。伏羲看到这种景象，立刻受到了启发，他采了一些野麻，晒干了搓成绳子，然后用细绳编织成渔网，用粗绳编成网，教人们用网捕鱼捉鸟。从此，人们的食物不再是单一的野果和野菜，人类可以非常轻松地捕捉鱼类和鸟类为食了。

发展远古畜牧业

伏羲教民用网狩猎，人们利用网捕获了大量的猎物，摆脱了大自然造成的歉收之虞，使生产力得到了极大提高，使人们的生活有了保障，人类的历史也由此揭开了新的篇章。由于捕获量的持续增大，于是人类开始将消费不完的渔猎品加以驯养，从原始的狩猎状态进入初级的畜牧业生产。

网的发明，促进了畜牧业的产生，肇始了远古文明，伏羲也就成了畜牧文化的代表。直至近代，渔猎行业还流行奉伏羲为祖师爷的习俗。伏羲养六畜以为牺牲，用最原始的佐料烹调食物，堪称上古时代第一代厨师。

伏羲的众多发明创造不仅属于他本人，也更属于他所在的时代。伏羲是那个时代的杰出代表，并且推动了社会的发展。伏羲不仅是中华各族人民的祖先，还是中华民族心智的先启者，中国很多地方都有祭祀他的伏羲庙、伏羲陵。

知识小百科

龙图腾的创始者

龙图腾的形成，最初起源于伏羲，而并非炎帝、黄帝。根据唐代司马贞《补三皇本纪》中记载，前面说伏羲是蛇身人首的形态，最后却言伏羲氏"有龙瑞，以龙纪官，号曰龙师"。这种记载其实是对伏羲氏在龙图腾形成中所起主导作用的暗示。蛇在生肖中叫"小龙"，人们认为，蛇如果有了灵性，就变成了龙。汉代纬书中讲，伏羲氏首德于木，为百王之先。伏羲氏即是青龙、青帝。炎帝神农氏以火德为王，为赤龙；黄帝轩辕氏以土德为王，为黄龙。按照五行始终说所持的观点，最先出现的是木，而非火、土。同理，青帝也应该是远古第一帝，青龙也是中华民族第一龙，伏羲氏自然也就是当之无愧的龙图腾的创始者。龙的传人，在知道炎黄为老祖宗的同时，也不应该忘记，在炎皇之上还有一位更伟大、更古老的始祖，开创了华夏民族的文明。

神农氏发掘草蔬

神农氏遍尝百草，利用亲身实践验证了诸多植物的食用性质。他教民耕种五谷，制作陶器作为炊具，促进了农耕业的发展，开创了人类饮食文化新的篇章。

8

在伏羲之后，中国历史上又出现了一个对中华民族贡献巨大的传奇人物神农氏。据考证，神农氏是与轩辕黄帝一样的圣人。"神农氏尝百草"是中国史书上记载最多、流传最广的传说。此外，神农氏还是中国农业的伟大开创者。

西汉刘安《淮南子·修务训》中记载："古者民茹草饮水，采树木之实……神农氏始教民播种五谷……" 唐初令狐德棻在《周书》中云："神农耕作陶"。唐代司马贞《三皇本纪》中记载："炎帝神农氏……斫木为耜，揉木为耒。耒耜之用，以教万民，始教耕。故号'神农氏'。"南宋郑樵《通志·三皇纪》记载："炎帝神农氏起于烈山……民不粒食，未知耕稼，于是因天时，相地宜，始作耒耜，教民艺五谷。故称之为'神农'。"由此可见，神农氏在饮食方面的贡献在于：创立了农业，发明了陶器炊具，开创了人类饮食文化新的篇章。

开创农耕历史

神农氏成为首领之后，不仅教给人们制作农具的技能，还教会人们在土地上种植五谷。他让人们把坚硬的树枝削尖成叉

形，用来翻整土地；还教导人们在耜上装一根弯曲的长柄，称为"耒"，用来提高翻土的效率。他亲自考察各地土地的干湿、肥瘠等性质，让人类播种各种谷物。人们在他的带领下逐步告别了饮食不足的状态，生活也渐渐开始富足起来，人类的饮食也丰富起来了，越来越多的谷类走上了人们的餐桌。

关于神农氏种植五谷的故事有一个传

◆ 神农像

说。据东晋王嘉志怪小说集《拾遗记》记载：相传，有一天，一只全身通红的鸟衔着一颗五彩九穗谷飞翔在天空中。等到它掠过神农氏的头顶时，九穗谷掉在了地上。神农氏见了，马上拾起来埋在了土里。后来，这些谷子竟长成一片。神农氏把谷穗放在手里揉搓后放在嘴里嚼，感到很好吃。于是他教人用斧头、锄头、耒耜等生产工具开垦土地，种起了谷子。神农氏从中也得到了启发，他想：谷子可以每年都种植，如果有更多的草木能够被人食用，并且增加种植量，那么大家的吃饭问题就可以解决了。但是在当时，五谷和杂草长在一起，神农氏一样一样地尝，一样一样地试种，最后从中筛选出菽、黍、麦、稷、稻五谷，所以后人尊他为"五谷爷""农皇爷"。

确立蔬菜食物种类

随着五谷的大量种植，人们的温饱问题渐渐解决，但人类的生存依然受到了各种疾病的威胁。传说，神农氏亲自前往各地，品尝百草的滋味，水泉的甘苦，研究这些对治病的效果。在采集各种植物的茎、叶、果实等亲自品尝的过程中，他发现有些东西味道鲜美，可以食用；有些东西苦涩难咽，不可食用；有些东西味道很好，但吃下去会让身体很不舒服。于是，他把这些实践结果都记录了下来，并且形成了中国最早的一部有影响力并且对现在仍然有实用价值的食材志——《神农本草》。神农氏不仅扩展了饮食食材的范围，还确立了食物中的植物种类。

开创食物器具历史

相传神农氏还是中国治陶业的开创者，为先民们提供了实用的饮食器具。中国历史上有很多关于神农氏"耕而陶"的故事，神农教人治陶，让人类拥有了制作饮食的炊具和保存食物的容器，这些食器为后来对食品的保存、加热、制作提供了可能。自从人类拥有了适合的食材，并有了相应的盛食陶具后，酿酒、制酱、制醋也就逐步出现了。很多需要饮食器具配合而完成的饮食制作方法，如酒、醢、醯（醋）、酪、酢、醴等，也渐渐产生了，这是神农氏对中国饮食文化的另一贡献。

黄帝兴灶作炊

黄帝改灶坑为炉灶，制造出最早的蒸锅陶甑，教民蒸谷为饭，烹谷为粥，从此，"吃饭"的概念产生了。"蒸谷为饭"给中华民族饮食结构带来了新变化，这种饮食构成一直延续到现在。

黄帝是中华民族的人文始祖，因统一华夏族的伟绩而载入史册。相传黄帝为少典之子，本姓公孙，因长居姬水，又改姓姬。他播百谷草木，大力发展生产，创造文字，始制衣冠，建造舟车，发明指南车，定算数，制音律，创医学等，是中华文明的先祖。司马迁在他的《史记》中，将轩辕黄帝列为帝王本纪之首。几千年来，中国的汉族一直自称为黄帝子孙，可见黄帝在中国历史上的地位之显赫。

黄帝的传说

相传，一天晚上，轩辕黄帝的母亲附

◆ 陶寺文化的石厨刀

宝看见一道电光环绕着北斗枢星。随即，那颗枢星就掉落了下来，附宝由此感应而孕。怀胎24个月后，生下一子，就是后来的黄帝。黄帝一生下来，便能说话，到了15岁，已经无所不通了。后来他继承了有熊国君的王位。

《淮南子》中说："中央土也，其帝黄帝，其佐（帮助）后土（管土的神），执绳（法）而制四方"。由此可见，因为黄帝是管理四方的中央首领，他专管土地，而土是黄色，故名"黄帝"。

另据史料记载，黄帝曾发明一种车战法，打仗的时候，将士都站在战车上；停战休息时，将战车连接起来，围成一圈，指挥员在中间，只留一个空当作为出入的门，起到了保护指挥员的作用。古人把带有布幕的战车叫"轩"，把两辆战车中间的空当叫做"辕"，因为黄帝是这种车战法的发明者，所以后人便又把黄帝叫做"轩辕氏"。

教民蒸谷为饭

原始社会后期，人口渐增，现成的食物原料渐少。黄帝率领臣民，刀耕火耨，发

◆ 黄帝像

帝时"蒸谷为饭"给中华民族饮食结构带来的新变化，这种饮食构成一直延续到现在。

制盐、用盐与烹调

据相关史料记载，黄帝时的诸侯宿沙氏首创用海水煮制海盐，即所谓"宿沙作煮盐"，这是中国关于食盐制作的最早记载。说明在黄帝时代，人们已经懂得制盐和用盐来调味了。盐的出现，又是人类饮食史上的一个飞跃。在此之前，有"烹"而无"调"。有盐之后"烹调"这个概念才算形成。盐不仅使食物更加美味可口，而且更有益于人体的健康。因此，在黄帝时期中国饮食状况已有了突出的改善。

展原始农业，在黄河流域广袤的土地上，开拓了一块块平畴绿田。黄帝倡导的"艺五种"，就是广种黍、稷、菽、麦、稻五种谷物；他躬行的"抚万民"，倡导关心民食。

黄帝对中华文化的贡献之一在饮食方面。据西汉刘安《淮南子》载，"黄帝作灶，死为灶神"；西汉司马迁《史记·五帝本纪》载，"黄帝艺五种，抚万民"，"黄帝作釜甑"；三国谯周的《古史考》载，"黄帝始蒸谷为饭，烹谷为粥"。在黄帝以前，先民虽有用火，但火是在灶坑烧的，烹饪受到制约。黄帝改灶坑为炉灶，并按蒸汽加热的原理制造出最早的蒸锅——陶甑。从此，蒸饭煮粥，"吃饭"的概念产生了。古籍《大戴礼记》上说"稷食菜羹"，是指主食稷食加菜汤组成的一餐饭。这是黄

延伸阅读

黄帝之死传说

据说黄帝活了110岁，死于荆山。《史记·封禅书》："黄帝采首山铜，铸鼎于荆山下。"关于黄帝之死，流传着一个美丽的神话。有一天，黄帝正在巡视，忽然晴天一声霹雳，一条黄龙自天而降，对黄帝说："你的使命已经完成，请你和我一起归天歇息吧。"黄帝不愿离开自己的臣民，但自知天命难违，只好恋恋不舍地骑上龙背，黄龙腾空而起。当黄龙飞越黄帝的故土陕西桥山时，黄帝请求下驾安抚臣民。黎民百姓闻讯从四面八方赶来，个个痛哭流涕。在黄龙的再三催促下，黄帝又跨上了龙背，人们拽住黄帝的衣襟一再挽留，但黄帝还是走了。人们把从黄帝身上拽下来的衣物、弓箭埋葬于黄帝生前曾经久居的桥山之巅，撮取黄土，起冢为陵。

后稷教民稼穑

古代周人始祖后稷教民稼穑，庄稼品种日趋丰富，来源充足，食品的烹调方法也更加完善。周人的食物更能代表农业文明，是中国后来饮食文化的正源。

在中国原始社会末期，出现了一位"教民稼穑"的周人始祖——后稷。他善于种植各种粮食作物，对农业做出巨大贡献，后人尊崇他为农业之神或谷神，从而享受后世的祭祀。他的农业方面的种种创举也为中国古代提供了丰富的饮食原料，对人们饮食结构的变化产生了很大影响。

后稷的传说

传说，后稷的母亲姜嫄是帝喾元妃。一次姜嫄出游野外，踩了巨人足迹而身怀有孕。到了产期，生下一个像羊胞胎样的圆肉球。姜嫄以为这是怪胎，害怕招致灾祸，决计把他往外丢弃。先是把他丢弃在狭窄的路边，牛羊经过时不践踏，还庇护他，为其喂乳。接着把他放到森林里，又碰上森林里有很多人，将他收留。最后，将他放到寒冰上，又有鸟飞下来，用翅膀温暖他。姜嫄以为他神异，就继续收养抚育。因初生时几次欲弃，故名为"弃"。

弃小时候就有远大的志向。他看到人们追逐动物，采食野果，终日过着飘泊不定的生活，心想，如果能有一个固定供应食物的地方就好了。他通过仔细观察，把野生的

麦子、稻子、大豆、高粱以及各种瓜果的种子采集起来，种在自己开垦的小片土地里，定时浇水、除草、悉心照料。等到它们成熟了，结的果实非常饱满，而且比野生的味道好。为了更有效地培育这些野生的植物，弃还用木头和石块制造了简单的工具。

弃长大成人，在农业方面已经积累了

◆ 周族的先祖后稷

◆ 八十垱遗址出土的稻谷

丰富的经验。他所种的庄稼因耕作适宜，取得丰收，《诗经·生民》记载："实方实苞，实种实袤，实发实秀，实坚实好，实颖实粟"，很受人们称赞，许多人都向他学习种植技术，弃也因此而远近传名。帝尧听说了后，就聘请弃为农师，让他管理与指导天下农业各方面的事情。弃在任期间，大力推广耕种技术，农业发展相当迅速，使人们告别了半饥饿的生活。由于弃发展农业有功，帝尧就封弃于邰地。人们把弃尊称为"后稷"，"后"是至高伟大之义，"稷"就是粟。

对饮食文化的贡献

在后稷的带领下，人们逐步摆脱了仅靠打措、捕鱼和采食野果的生活，庄稼品种日趋丰富，食物的烹调方法也更加完善，这对改善人们的生活条件起到了积极的促进作用。因为后稷学会种植五谷，史称后稷"功崇平地，德大配天"，被帝王奉祀为五谷之神。如今，后稷已成为中国农耕文明的象征，农业精神的象征，农业丰收的象征，农业经济的象征。

由此可见，后稷对当时农业发展及饮食的进化立下了汗马功劳。后稷死后，人们为了纪念他的功劳，将他葬在山环水绕的"都广之野"。《山海经·海内经》称：都广之野"有膏菽、膏稻、膏黍、百谷自生，冬夏播琴，鸾鸟自歌，凤鸟自舞，灵寿实华，草木所聚，相群爱处。此草地，冬夏不死。"可谓世间的一方仙国乐园，并且古神话传说的"天梯""建木"就在附近。可见后稷在人们心目中占有极为重要的地位。

延伸阅读

后稷变槐为豆的传说

相传，把槐变成豆是农业始祖后稷的功劳。古语讲："豆出于槐。"因为槐树的叶、荚和豌豆的叶、荚相差不大。于是后稷把槐树种移到自己的住房附近。之后每月就换动一个地方，一年总共移栽了12次，槐树变成像现在田野里的野绿豆一样，豆荚特别小，里面也有小颗粒，就像绿豆一般大。到了第二年，后稷再把这些像野绿豆的槐树移栽12次，豆荚变大了一些，就成了现在山上那种野豌豆。到了第三年，野豌豆经过后稷12个月的移栽，就变成了豌豆。豌豆前后经过36次移栽，不仅产量提高了，营养也变得很丰富了。

> 尧帝时，人类经过神农尝百草，后稷教稼穑，已进入农耕文明。但人类吃五谷仍是与树叶煮着吃或烤着吃，还没有像现在的面食。人类最早对面食的追溯，现在只能从尧制石饼的传说中寻找些许痕迹。

尧帝，姓尹祁，号放勋，因封于唐，故称"唐尧"。尧帝严肃恭谨，光照四方，上下分明，能团结族人，使邦族之间团结如一家。尧为人简朴，吃粗米饭，喝野菜汤，自然得到人民的爱戴。著名的尧制石饼传

◆ 尧帝像

说，记录着这一古代帝王的俭朴与勤勉。

尧制石饼传说

一次，尧的五谷遭受到墙倒的重压，有的破碎，有的变成了碎粉，又遇上一场雨，重压后的五谷变成了浆。按当时的习惯，五谷只有和着树叶煮着吃，现在破碎又被雨浇，应该扔掉了。但是非常俭朴的尧，还是一把一把地将谷浆用手捧到光滑的石板上，想用太阳将它晒干后收藏。雨后的太阳如火，烤得石头发烫，时间一长，使得青石板上的谷浆变干变黄，并散发出奇异的香味。尧拿来一块放在嘴里嚼，非常好吃。于是尧便叫来百姓，教他们用石将谷砸碎，然后用水、树叶和成浆，薄薄地铺在青石板上，并在青石板下点燃木柴，用石板将谷浆烤熟食用。于是石烹的时代从尧开始了。

这种以石制饼的做法，经过了五千年的岁月沧桑流传到了今天。现在尧都临汾与运城一带，人们将这种饼叫做尧王饼或石子馍。现在的尧王饼以细面做成，有的还要加上些花椒叶、盐糖和蛋糊，吃起来香脆可口。石子饼这一山西古老的风味小吃，因传

◆ 山西石子饼

承远古烹饪技术，被专家称为"活化石"，同时因其深厚悠久的民俗传统，又被誉为"远古华夏第一饼"。

"华夏第一饼"的三个阶段

第一阶段：山西石子饼可追溯到石器时代。1959年发现的山西芮城西侯度人遗迹，说明180万年前我们祖先在河东就学会了取火，开始了熟食。进入新石器时代，原始农业形成，烹饪以黍米加于烧石之上焙熟，出现了石鏊（一种经过打磨制成的能在下面用火烧热的薄石片），被烹饪界称之为"石烹时代"。《礼记》有"燔黍捭豚"，东汉郑玄注曰："中古未有釜甑，释米捭肉，加于烧石之上而食之"。

第二阶段：山西是华夏文明的发祥地，原始社会到尧帝时代，山西民间就有"尧制石饼，面食流芳"的传说，这个时期是山西石子饼的第二发展阶段。

第三阶段：远古石烹技术跨越2000多年的陶器、青铜器时代，进入铁器时代。到西汉初年，随着铁器的广泛普及和石磨技术的发展，铁鏊在民间逐渐代替了石鏊而被使用，形成了平底铁鏊上放河汾石子以烙饼的方法，山西石子饼进入了第三个发展阶段。

公元前113年，汉武帝幸河东，祀后土，欢宴于汾河之舟，即以民人敬献的石子饼为美食，并作《秋风辞》。

在唐代，石子饼还被称为石鏊馍，作为奉献给皇帝的贡品。《名食掌故》载，永济民间相传，崔莺莺避难普救寺，与张生相爱，受到老夫人的阻拦不能见面。莺莺托红娘每日买石子饼送给张生，以表情达意。因此爱情圣地的蒲坂人还将这种石子饼称为"莺莺饼"。明代，据《繁峙县志》载，正德年间，明武宗曾出京巡视，品尝疤饼（因石子饼有凹凸疤痕，故当地人又称"疤饼"）。到了清代，石子饼有了"万德昌""三和堂"等三晋专业作坊经营，并在大江南北流传，《隋园食单》著者袁枚赞其为"天然饼"。

延伸阅读

石子饼的做法

在制作的前一天就先调好酵母，将麻油倒入瓷盆内，按比例（0.2公斤麻油、加入两酒盅碱汁）将碱汁加入其中，搅拌匀，随即倒入开水，再搅拌，将油碱水晾冷后才可倒入面粉（倘油碱水不够使用，可用凉开水代之）。用手搅匀呈棉絮状时，把面和好，软硬程度类似于干饼。面和好后，等10分钟，再制作。

制作前，先将石子淘洗干净，倒入铁鏊，擦点油（以防石子粘在面饼上），然后反复搅拌，使石子升温均匀。制作时，先揪一块面团，反复揉之，使之看似光滑即可。然后，把揉好的面团擀成圆状薄饼。将烘热的石子向鏊子的四周摊开，中央留下薄薄的一层，将圆状饼胚置于其上，再将四周的石子覆盖于上。一般每公斤面可制作15个左右。

彭祖饮食养生

彭祖烹羹提高了食物的营养利用率，开创了用药膳于养生的新天地，主张因时而食，因人而食，因气而食，因体而食，协调阴阳，调和诸味，食有节，并以素食为主。中华饮食养生由生吃、熟食到健康美食发生了革命性飞跃。

史料记载，彭祖姓筏名铿，是上古颛顼的玄孙。相传他历经唐虞夏商等代，活了800多岁。关于彭祖有许多争论，但有两点是确凿无疑的：其一他高寿，其二他深谙养生之道。《庄子·刻意》曾把他作为导引养形之人的代表人物，《楚辞·天问》还说他善于食疗。

彭祖的传说

民间传说，彭祖活到767岁，仍无衰老迹象，耳不聋，眼不花，背不弯，腰腿不疼。商朝君王派人询问彭祖长寿秘诀，彭祖回答："欲举行登天，上补仙宫，当用金丹。其次，养精神，服草药，可以长生。"那人又问他的身世，彭祖唉声叹气地说：

◆ 彭祖庙

"我遗腹而生，三岁丧母，又逢战乱，流落西域，几百余年。"又说"一生丧49妻，亡54子，屡遭忧患。"谁知又过了70年，有人发现他还在流沙国游玩，直至800多岁才死。

这些民间传闻虽然极具神话色彩，但也反映了人们对彭祖长寿的羡慕之情。实际上，彭祖高寿的秘诀在于他创制的引导术、房中术、吐纳术、烹饪术和摄生术，其中烹饪术和摄生术就属于饮食文化范畴。

精于烹饪术

彭祖十分精通烹饪术，他因献雉羹（野鸡汤）给尧帝，治好了尧帝的厌食与体虚症，为尧帝所赏识，遂封他为大彭氏国（今江苏省徐州市）国主。屈原在《楚辞·天问》中写道："彭铿斟雉，帝何飨？受寿永多，夫何久长？"这反映了彭祖在推动中国饮食文化进步方面所作出的卓越贡献。汉代楚辞专家王逸注曰："彭铿，彭祖也。好和滋味，善斟雉羹，能事帝尧，帝尧美而飨食之也"。

羹在中国烹饪菜点中占有重要地位，特别是在烹饪术尚不发达的古代，人们靠它佐餐下饭，是日常不可缺少的食品。彭祖的"雉羹之道"后来逐步发展成为"烹饪之道"，雉羹也是中国典籍中记载最早的名馔，被誉为"天下第一羹"，彭祖也被尊为厨行的祖师爷。现称"天下第一羹"的汤以鸡代雉，古风犹存。

彭祖的烹饪之道被人称为"爨（音cuàn）阵八法"，流行于淮海地区。"天灶、地灶、红案、白案、生案、水案、凉菜案、配菜案"八法技术，把烹饪技术形象化，是打开烹饪技术之门的钥匙。

饮食养生之道

彭祖创建了中国最早的营养学理论。上古时代，五味还未进入烹饪领域，当时人们运用调味品还是有困难的，所以人们吃的羹还是清水煮制的。彭祖烹羹的价值就在于他发明了食物的水解法，提高了食物的营养利用率，继而开创了用药膳于养生的新天地。彭祖主张因时而食，因人而食，因气而食，因体而食，协调阴阳，调和诸味，食有节，并以素食为主。这是彭祖对中国养生学的一大贡献。

后人景仰彭祖，撰写养生著作也常托名彭祖，如《彭祖养性经》《彭祖摄生养性论》《彭祖养性备急方》等，由此可见彭祖在中国营养学上的影响。

延伸阅读

彭祖养生宴

彭祖倡导美食、养生、药膳，创出了天下名宴——彭祖养生宴，是名副其实的中国烹饪先师。彭祖养生宴历经千多年演变、发展、充实，最终成为中国历史悠久、品种较丰富的特色养生宴。此宴重在养生、滋补，在菜肴配制过程中，参阅了《黄帝内经》《本草纲目》《饮食正要》等大量典籍，并以选料丰富、烹调方法多样、菜肴口味多变、滋补养生功效显著而受到广大食客的好评。彭祖养生宴共有28道菜，分10道冷菜、12道热菜和6道点心。宴席始终贯穿"健康养生"的主线，以一杯开胃清茶开始，"二菜"同桌，同时品尝古代养生名菜"彭祖雉羹""羊方藏鱼""彭城鱼丸""大彭扎肴"等和现代养生名菜"灵芝皮肘""吊地瓜""滋补皮狗""蟹黄艳菊"等，将彭祖文化、饮食文化和养生文化等"三种品味"精妙地融合在一桌宴席中。

伊尹精研美食

伊尹是中华食文化的鼻祖，位列中国古代十大名厨之首，是古今唯一一个由厨入相的人，其"治大国若烹小鲜"的治国格言，至今仍为人们所传颂，被民间尊为"厨神"。

在中国历史上，伊尹是一位治国大师，辅佐商汤赢得天下。除此之外，伊尹还是中国最早的烹饪大师。伊尹弘扬中华烹饪艺术，传承民族美食技艺之精粹，为中国的饮食文化做出了卓越贡献。

伊尹的传说

伊尹的身世极具传奇色彩，他的父亲是个既能屠宰又善烹调的家用奴隶厨师，他的母亲是居于伊水之上采桑养蚕的奴隶。相

◆ 伊尹像

传采桑女在生伊尹之前梦到神人告诉她："如果看见石臼中冒出水来，就往东跑，千万别回头。"第二天，她果然发现臼内水如泉涌。于是采桑女赶紧通知四邻向东逃奔20里，之后她不禁回头遥望陷于一片汪洋之中的村庄。由于她违背了神人的告诫，所以身子化为空桑。因为当时采桑女已经怀有身孕，所以孩子便在空桑树的洞中。

据说，男婴在空桑树洞中饿得哇哇直哭，老虎跑来为他喂奶，老鹰飞来为他扇风去暑。后来一采桑女听到哭声，把他抱走献给了有莘国国王，国王以伊水为姓，给孩子起名伊尹，命他的厨师抚养。

伊尹从小聪慧好学，不仅学会了耕种、烹饪，还精通尧舜之道。之后他学贯古今，而且犹善以烹饪技艺比喻治国之道，所以深得汤王赏识，身为奴隶的他一跃成为了商相，从此辅佐商汤，伐夏兴商，奠定了商朝600多年的基业。

烹调美味的研究

在中国饮食文化史上，伊尹是中华美味饮食的开创者。据《吕氏春秋·本味》

◆ 商汤像。商汤能成就大业，伊尹的辅佐起到了很大的作用

记载：成汤聘请伊尹，在宗庙里举行祈福的祭祀，在朝堂以隆重的礼节接见伊尹。伊尹向成汤讲述天下美味的精妙，说烹调美味，第一，要认识原料的自然性质，如动物原料："水居者腥，肉玃者臊，草食者膻。臭恶犹美，皆有所以。"第二，要使这些肉成为美味，水是第一重要的，他认为最好的水应该取自"三危之露，昆仑之井，沮江之丘"，"白山之水"以及翼州之原的"涌泉"。第三，用甜、酸、苦、辣、咸五种味道，臭的、恶的、莸草、甘草多种调料，它们的先后顺序，要放多少量，都很有讲究。第四，火候也很关键，快慢缓急掌握好，能很好去除腥味，去掉臊味，减少膻味。第五，还要注意鼎中的变化，"鼎中之变，精妙微纤，口弗能言，志弗能喻。若射御之微，阴阳之化，四时之数。"掌握了其中的

奥妙，制出的肉就会熟而不烂、香而不薄、肥而不腻，五味恰到好处。由于伊尹率先把知与行进行完美的融合，在烹饪实践和理论上产生的突出贡献，成为中国烹饪界公认的鼻祖。

伊尹对烹饪学的理论贡献是多方面的，从原料的特性、产地、选用，到火候的掌握、调料的搭配，都具体而实用。如在原材料的产地上，肉之美者、鱼之美者、菜之美者、和之美者、饭之美者、水之美者、果之美者，他都了如指掌。由此可见，伊尹道出了中国文明早期阶段烹饪所能达到的发展水平，夏商之际人们饮食的区域性已经逐步被打破。因此，他在烹饪理论与实践方面具有首开先河的历史地位。

延伸阅读

伊尹与开封菜

"五味调和、口味适中"源于中州，是开封菜独有的特点。《吕氏春秋·本味篇》中烹饪之圣伊尹提出"调和之事，必以甘、酸、苦、辛、咸，先后多少，其齐甚微，皆有自起"，要做到"甘而不浓，酸而不酷，咸而不减，辛而不烈，淡而不薄，肥而不腻"。开封菜调味的尺度一直承袭这一宗旨，形成了不可过咸、过辣、过甜，要求亦甜、亦咸、亦辣，不偏不倚，不藏不露。所以，开封菜适应性强，男女老少适口，四面八方皆宜。另外，开封菜选料严谨，取材广泛。长期以来，厨师把平时的选料经验总结成民谚，如"鸡吃谷头、鱼吃四(月)十(月)，鲤(鱼)吃一尺、鲫(鱼)吃八寸，鞭杆鳝鱼、马蹄鳖，每年吃在三四月"。

第二讲
中华饮食思想

民以食为天

在儒家思想中，饮食不仅能满足人类的需求和欲望，更重要的是还能与天理相通。《左传》中所描述的"民之所欲，天必从之"就表现出了人欲和天理相应的必然性。儒家倡导的就是民以食为天的思想。

孟子说："食、色，性也。"先秦儒家经典《礼记·礼运》中也有饮食名言："饮食男女，人之大欲存焉。"在儒家观点看来，食和性不仅是出自人类原始自然属性

◆ 孟子像

的欲望，更是天下之大欲，这一"大"字，就把饮食提高到至上的地位。汉代大儒董仲舒的"天人合一"思想的日益深化，促使这一饮食观念朝着理论和系统化的方向发展。

儒家饮食观点的确立

荀子说："若夫目好色，耳好声，口好味，心好利，骨体肤理好愉快，是皆生于人之情性者也。"在儒家的观念里，日常所必需且又习以为常的饮食已经被推崇为天理，成为了一种至高无上的信念，甚至成为了一种民食即天理的伦理观念。

饮食是天理、人欲这一信念的确立，对中国封建社会产生了重要的影响，历代封建王朝的统治者都把"足食"，即满足百姓的饮食需求，当作富国强兵的一项基本且重要的国策。对普通百姓来讲，人们把追求温饱和美味的食品当成了生活、发展和享受的合理需求，这促进了中国饮食业的发展和发达，更成为提高烹饪技艺的催化剂。

儒家饮食伦理思想

中国饮食的独具特色，不仅是儒家经

◆ 《礼记》书影

典思想的熏陶，更出于儒家文化思想"礼"的孕育。儒家认为"夫礼之初，始诸饮食。"在他们看来，饮食和礼的产生有着密不可分的联系，这给饮食这一普通的生活必需行为赋予了神圣的文化和伦理上的内涵。儒家把饮食观念伦理化的重要表现是重视进食的礼仪，在儒家看来，饮食是人之间交往的一条重要的纽带，我们在饮食当中必须重视礼仪。由此可见，以吃喝为主要内容的宴饮礼仪，其社会意义已远远超出美食享受之外，表现尊卑贵贱的社会秩序，承担着联络宾客、增进情谊、体现恭谦慈惠的道德风范。吃喝宴饮已成为人际关系不可分离的重要组成部分，以伦理为本位的儒家思想在这里有着淋漓尽致的表现。

在《礼记·曲礼上》曾经详细记述过宴饮的各种礼仪，从中也体现了儒家对饮食礼仪的重视。按照儒家的要求：入宴席前要从容淡定，脸色不能改变，手要提着衣裳，使其离地一尺，不要掀动上衣，更不要顿足发

出声音。席间菜肴的摆放要有顺序。进食时要顾及他人，不能用手抓饭，不能流汗。吃饭不能发出声音，送到嘴的鱼肉不能重新放回盘。也不能把骨头扔给狗，更不能大口喝汤，不能当客人的面调汤汁，也不能当众剔牙。主客长幼要有序，并且彬彬有礼。陪长者饮酒，见到长者要递酒，赶快起立拜受，等到长者回话，才能回到席位。如果长者没有举杯饮尽，少者不能先饮。席间谈话，表情要庄重，听讲要虔诚，不能打断别人的话头，也不能随声附和。谈话要有根据，或者先引哲人的名言警句，再自己发挥。宴饮结束，客人要起身收拾碗盘，交给旁边的侍者，主人婉言谢绝后，再坐下。如此等等，从迎送宾客、入席仪态、陈设餐具，到吃肉喝汤，都有详尽的规章，充分表现出儒家倡导的恭敬礼让的饮食风格。

上述的饮食思想和礼仪，不仅历史悠久，也对我们现代人的生活有着重要的影响，很多观念至今还被中华民族所沿用。

延伸阅读

孔子称赞的乐观饮食思想

儒家的先师孔子，就曾经阐述过"食不厌精，脍不厌细"这样被饮食家们广为传颂的名言，他对饮食的重视仅次于他所推崇的"礼"。据史料记载：孔子曾经对他的学生颜回说道："一箪食，一瓢饮，在陋巷，人不堪忧，回也不改其乐。贤哉，回也。"从这段话中孔子对学生的赞美可以看出，孔子从乐观生活的思想去观察和理解饮食。在他看来，山珍海味、美味珍馐，是人生的一种享受，但是粗茶淡饭，简单饮食也是一种快乐，人应该懂得用积极乐观的态度去享受和理解饮食。

孔子的饮食思想

孔子最早提出了饮食卫生、饮食礼仪等方面的饮食要求，为中国饮食思想的形成奠定了重要的理论基础，同时他提供的史料也为我们研究春秋战国时期黄河流域的饮食提供了素材。

孔子一生大部分时间都在为推行自己的观点而游走，活到73岁，在中国古代是长寿之人，他的健康长寿与科学饮食有着密不可分的关系。孔子的饮食思想不仅丰富和具体，更贴近现实生活。

俭朴和平凡的饮食思想

孔子曰："君子食无求饱，居无求安，敏于事而慎于言，就有道而正焉，可谓好学也已。"他对那种终日追求饮食享受且无所事事的生活没有太大的向往，他追求饮食上的简朴和平凡。他说："饭蔬食，饮水，其肱而枕之，乐亦在其中矣。不义而富且贵，于我如浮云。"孔子还说过："士志于道，而耻恶衣恶食者，未足与议也"。对于那些虽然立志学习和施行圣人之道，但又认为吃穿不好是一种耻辱的人，孔子采取的

◆ 孔子讲学

是不理睬和不交谈的态度。对于那位家境贫寒、深居简出、好学不倦的弟子颜回，则大加称赞他道："贤哉回也！"他这种把实现自己的远大抱负看得比衣食生命还重要的思想境界，被无数后世有志之士继承。

讲究饮食卫生的饮食思想

在先秦时代，人们对饮食卫生的认识很欠缺，食物中毒的现象在民间很普遍。孔子警告人们要严格注意食品卫生，即使是国君赐给的祭肉，超过了贮存期限也应该丢弃不食。

孔子同时提出了一些饮食卫生的细则和鉴别食物卫生与否的判断标准，这集中记载在《论语·乡党》中，如"鱼馁而肉败不食"，食物腐败变味了，鱼和肉都陈旧变质了，都不应该吃；"色恶不食"，食物的颜色变坏了不吃；"臭恶不食"，食物的色味不好不吃。孔子的讲求饮食卫生之道也体现在饮食之"礼"中。他认为，"败""馁""色恶"及"臭恶"，本质是指"无道"，而"不食"体现了"正道"的追求。从中可以看出，孔子把其伦理思想独具匠心地灌注在了饮食之道中。

饮食要讲究时、节、度

孔子告诉人们，日常应该遵守"不使胜食气，不多食"的饮食习惯。他认为，进餐不仅要有节制还要适量、适度，更要按时间和季节的需要来定时定量进餐。孔子对饮酒的态度十分谨慎，在所有记录孔子生活的文字中少见孔子饮酒。《论语·乡党》中记载孔子有"唯酒无量，不及乱"之语，通过这句话，孔子把其对待饮酒的态度表达了出来。他主张饮酒要"唯酒无量"，即饮酒要因人而异，量大者可多喝，量少者少饮，不能喝的人可以不饮，原则是以"不及乱"为标准。

孔子的养生之道

孔子认为，菜肴、饭食加工得精，不仅能够充分入味和成熟，还有益于人体的消化吸收。在饮食上合理的调味不仅增加了菜肴的美味，还具有极其重要的养生意义。所以孔子提出了饮食要"食精""脍细""酱姜"的观点，这是有科学根据和重要意义的。孔子主张饮食要讲究时、节、度的思想也是其养生之道。

孔子的饮食言论不仅对孔子生活的年代有着重要的影响，对现代社会也有着深远的意义，对后世孔府饮食文化的形成奠定了坚实的理论基础。

延伸阅读

孔子不为美食而屈其心志

在《论语·阳货》中记载了孔子的饮食故事：鲁国贵族季孙氏的家臣阳虎善于玩弄手段，为了能够收买孔子，他登门拜访孔子并赠送他乳猪为礼物。孔子非常厌恶这个人，于是退避内室不愿见他，让儿子孔鲤出来接待。阳虎将蒸猪献上之后就扬长而去了。在当时，经过精心加工、蒸制而成的小乳猪是非常贵重的食品，还曾经被列为宫廷御膳的"八珍"之一，制法非常讲究。见到乳猪，孔子心里明白了阳虎的居心。按春秋仪礼，送来礼物，如果主人不在，主人日后就应该亲自登门致谢。孔子非常崇尚礼仪，但是如登门致谢，又会落得与恶人交往的恶名。他经过再三思考，于是趁着阳虎出门办事之时乘车来到他家，让其家人转达了谢意。这样既没有失了礼节，同时更避开了阳虎的纠缠。

孟子的饮食见解

孟子主张"君子远庖厨"，从仁爱的角度解释了饮食思想，他倡导的食志、食功、食德思想对后世产生了重要和深远的影响。

孟子继承了孔子的儒家学说，被尊为"亚圣"。他与门徒公孙丑、万章等人著书立说，提出了中国历史上著名的"民贵君轻"思想，并劝告统治者重视人民。孟子在饮食上也提出了很多独到的见解，这些见解也被后人视为经典。

孟子的"食志"思想

孟子曾经提出不因没有功绩而获取饮食的"食志"原则。孟子说："梓匠轮舆，其志将以求食也；君子之为道也，其志亦将以求食与。"孟子称那些只是为了"养口腹而失道德"的人是"饮食之人"，这种人"则人贱之矣，为其养小以失大也"。孟子上述言论中的那些"饮食之人"，其实与孔子所鄙夷的那类"谋食"而不"谋道"之辈是对等的，孔子对那些鄙夷的人采取的是"是不与为伍"的原则，而孟子对这些人的态度则是"人以群分"的定性区分标准，因而也更

◆ 孟林

加具备了理论性和实践性。他主张"非其道，则一箪食不可受于人；如其道，则舜受尧之天下，不以为泰"。在他看来，人们用自己有益于别人的劳动去获取生存必备的饮食是理所当然的事情，这就是孟子所倡导的"食志"思想。

孟子的"食功"思想

孟子的"食功"思想，可以理解为人们用等价或等量的体力或者脑力劳动成果来获得生存必备饮食的过程。他认为，世界上并没有"素餐"，"士无事而食，不可也。"为了生存，为了养家糊口，就必须要用劳动去换取食物，没有用劳动就换来的饮食是不存在的。孟子非常赞赏齐国仲子的饮食行为准则，他赞美仲子道："仲子，齐之世家也。兄戴，盖禄万锺。以兄之禄为不义之禄，而不食也；以兄之室为不义之室，而不居也。"由此可见，孟子对"食功"思想的重视。

孟子的"食德"思想

孟子的"食德"思想，可以理解为饮食的时候要注意礼仪和礼节。他认为，食用别人饮食要有"礼"，给予别人饮食之时也要有"礼"，并且说："食而弗爱，豕交之也；爱而不敬，兽畜之也"。意思是，人们在交往之中，不爱别人却用饮食相馈赠，就如同是喂猪；爱别人但是却不以礼相待，则就像豢养禽兽一样，违背"礼"的原则。孟子将这种思想凝结在他的一句名言里："鱼我所欲也，熊掌亦我所欲也。二者不可得兼，舍鱼而取熊掌者也。生亦我所欲也，义亦我所欲也，二者不可得兼，舍生

而取义者也"。

孟子同样认为进食讲求"礼"是关乎食德的重大原则性问题，认为即便在"以礼食，则饥而死；不以礼食，则得食"的生死抉择面前，也应当毫不迟疑地守礼而死。他说过："一箪食，一豆羹，得之则生，弗得则死。呼尔而与之，行道之人弗受；蹴尔而与之，乞人不屑也。"

孟子沿袭了孔子的饮食思想，视孔子的行为为规范。他经过自己的日常实践和理解，将自己的饮食思想和孔子的饮食思想深化成为"食志——食功——食德"的饮食观念和鲜明系统化的"孔孟食道"理论。

延伸阅读

孟子的长寿之道

孟子是古代的长寿老人，活了84岁，可谓古代养生的典范。究其原因，其养生方法有以下几个方面：

终生善养"浩然之气"。孟子曾经比喻自己为"大丈夫"，而"富贵不能淫，贫贱不能移，威武不能屈"，是培养自己养浩然之气的最佳办法，孟子平时的心态是积极和健康的。

品德高尚，善养成德。孟子提倡：要保存良心，减少自己的欲望，先严格要求自己再严格要求他人，要和他人和睦相处，要交品德端正的朋友，要安分守己，不要为贫困的生活担忧；要与民同乐，与人共享音乐的快乐；要有恻隐之心，羞恶之心，恭敬之心，是非之心。

生活平淡，喜好运动。孟子的饮食一般只是一小竹篮饭和一小壶汤，他从来不以饮食为享受，并且他还认为只要果腹即可，对具体的饮食没有挑剔的习惯。

崇尚养生的道家饮食

　　道家以其崇尚自然、重视强身健体的思想闻名于世。道家学说对中国饮食文化也有着较深刻的影响，道家的诸多饮食思想时至今日还在影响着人们的饮食观念。

　　道家创始人老子在其《道德经》中提出了"道"的概念，认为"造化生根，神明之本"。"道生一，一生二，二生三，三生万物"，因此，"万象以之生，五行以之成"，构成宇宙的万事万物。这种基本思想也不可避免地影响到了道家对饮食的观念。

道家的养生食疗观念

　　中国历史上"食补"和"食疗"的发展归根结蒂要得益于道家的益气养生学说的促进，进而也衍生出了"药膳"。有些著名医药学家往往又是道教的信徒，他们以自己

◆ 道家经典《道德经》

的饮食观念和医学知识发展和丰富了"食治"理论和配方。唐朝孙思邈就是一位虔诚的道士，并且以其《食治》和《养老食疗》这两部巨著享誉千古。他认为："食能排邪而安脏腑，悦神爽志，以资血气。若能用食平疴，释情遣疾者，可谓良工。长年饵老之奇法，极养生之术也。"他又说："夫为医者，当须先洞晓病源，知其所犯，以食治之；食疗不愈，然后用药。"可见孙思邈对饮食的观念和态度都继承了道家学派的养生食疗观念。

　　历史上很多养生食品都诞生于道家学派之中，养生食品豆腐就是汉代淮南王刘安门下的一批道士修道炼丹时发明的。在中药中的诸多原料同样也是食物的原料，道教所服的药饵如枸杞子、伏苓、黄芪、何首乌、天门冬、菊花、白术、苡仁、山药、杏仁、松子、白芍等，经现代科学证实，也都具有人体需要的许多营养要素，也可以加工成美味的食品。

道家的烹饪技巧

炼丹是道教修炼的方式，这种炼丹以

◆ 孙思邈雕像

神为体，意为用，在修炼中对意念的把握称为"火候"，这一概念被引用在烹饪中，指对食品加热制作过程中，火力掌握大小强弱得恰到好处。这是道家对烹饪工艺的一个重要贡献。

唐代以前，烹饪用火中只有"火齐""火剂"的说法，从唐代以来出现了大火、小火、微火、文火、武火、明火、暗火、余火、活火、死火等丰富多采的烹饪用火技术，使食品的制作具有了多种口味。在唐代人的笔记《酉阳杂俎》中记载："物无不堪吃，唯在火候，善均五味。"善于用火的道观往往能制作出令人垂涎的美味佳肴，武当山紫宵宫的芝麻山药、泰山斗姥宫的金银豆腐、青城山天师洞的白果烧鸡都蜚声海内外。

道家的进食之道

道家崇尚养生的饮食思想逐渐发展出

了一套具有道家特色的进食之道，讲究服食和行气，以外养和内修，调整阴阳，行气活血，返本还原，以得到延年益寿的思想。孙思邈在其《五味损益食治篇》等著作中提出"饮食有节"的思想，他主张少食多餐，并且认为"善养性者，先饥而食，先渴而饮。不欲顿而多，则难消也。常欲令饱中饥，饥中饱耳。"又说："一日之忌，暮勿饱食。"他认为"人之当食，须去烦恼；食归熟嚼，使米脂入腹。"即吃东西时一定要保持愉快的心情。他还说：进食后用"温水漱口，令人无齿疾口臭。""凡清晨刷牙，不如夜刷牙，齿疾不生。"可见，早在一千多年前道家就有人系统地提出进食的卫生保健知识，这是饮食文明高度发展的体现，更是道家注重养生的进食之道的体现。

延伸阅读

道家辟谷养生

在古代，追求长生不老的人倾向素食，以谷物、蔬菜、水果为主要食粮，甚至采用辟谷的方式来养生。辟谷又称断谷、绝谷、休粮，即不吃五谷，以"辟谷药"代替。相传，辟谷能益气养身，并能让人飘飘欲仙，就如同在四海遨游一般。从汉至宋，辟谷术在道教内一直十分流行。

现代医学研究证实，辟谷对清理肠胃以保持体内环境、内空间清洁，从而促进各脏腑功能，提高免疫能力有良好的效果。辟谷也是健美的好方法，从根本上解决了能量的吸收问题，能使胖人瘦下来，使瘦人胖起来，皮肤光泽润洁，起到双向调节作用。从气功养生、修炼的角度讲，辟谷可以健脑益智、开发人体潜能。

老子的饮食之道

道家学派的创始人老子，不仅对中国哲学发展产生了重要的影响，其倡导的饮食思想也有独特之处，他的"味无味""甘其食、美其服、安其居、乐其俗"的思想对后世影响深远。

老子是中国古代伟大的哲学家和思想家，道教中尊奉他为道祖，他还曾经被唐皇武后封为太上老君，对中国哲学发展具有深刻影响。老子曾经在周国都洛邑担任藏室史，他博学多才，孔子周游列国时曾经向老子问礼。传说，老子晚年乘青牛西去，在函谷关写成了五千言的《道德经》。老子对饮食的独特思想也影响了道家的饮食观念。

为腹不为目

老子认为饮食应该"为腹不为目"，不能去追求饮食声色的悦目，能填饱自己的肚子就是饮食的终极目标。"为腹"是以食物养自己，就是用外界的食物来滋养自己的生命，"为目"是以物奴役己，就是用外面的事物来驾驭自己。老子的饮食之道就是人要为了填饱肚子而饮食，不要为追求声色上的享受而饮食。

五味令人口爽

老子也认为饮食中"五味令人口爽"，"五味"就是酸、苦、辛、咸、甘五种味道，这五味不仅表示了五种东西，还表示调出来的美味食品，所以五味又延伸地指美

食。"口爽"的"爽"是差错的意思。五味口爽就是美食吃得太多了，以致嘴巴、口感、口角发生错乱，已经辨认不出美食的味道来了。由此可见，他对待饮食采取的是一种朴素的谨慎态度。

味无味

老子说："为无为，事无事，味无

◆ 老子像

味。"这句话表达的意思就是：做无为的事，做无事的事，体味无味的东西，饮食要做到味无味。仔细探讨这句话，蕴含着深刻的人生智慧。"味无味"就是要从没有味道的东西中体会出它的味道和美味。即使我们吃的是清淡无味的素菜，咬的是普通的青菜根，我们也要能从粗茶淡饭中品味出美感来，品味出人生的淡定和安宁，提炼出养身理念和人生恬淡的幸福。除此以外，"味无味"还包含了另一种意思：当我们食用了美味的东西，吃了以后还要像无味一样。

可见，老子倡导对美食采取适可而止的态度，还要体味不是美食的有滋有味，以求达到一种饮食结构上面的平衡，即便是吃比较简单的粗茶淡饭，也要满足。老子说："饭素食，曲肱而枕之"，即吃东西不受上下、粗细、美丑的限制，这也是老子所说的饮食"味无味"思想。

甘其食、美其服、安其居、乐其俗

老子说："甘其食、美其服、安其居、乐其俗"，即满足于自己食物的香甜，满足于自己服装的美丽，满足于自己居所的安适，满足于自己民风民俗的快乐。现在我们可以理解为：即使这个地方很偏僻很落后，你还是要认为自己吃的东西是美好的；虽然你穿的衣服很薄很廉价，你要认为自己穿的衣服是美丽的；虽然你居住的地方很简陋，你要认为自己居住的地方是最好的；虽然你的风俗不大先进，你要认为你那里的风俗是最优等的。这种饮食思想既朴素又影响深远。他推崇的是一种恬淡自然的饮食方式，意在告诫人们，自己的饮食感受不要受

◆ 老子故里，在河南省鹿邑

外界的影响，要有独立的感觉系统。

老子的思想之后又被庄子所传承，并与儒家和后来的佛家思想一起构成了中国传统思想文化的核心内容。虽然几千年过去了，但是老子的饮食之道对于今天的人来说，仍然有很大的借鉴意义，对于中国饮食文化来说更是一份宝贵的遗产。

延伸阅读

老子吃醋豆的故事

相传，老子辞官回到家中后生了一场重病，儿子把他接到沛地，请来很多名医为他诊治，医生诊断后都直摇头。连续医治了两年也没有起色，老子决定重回自己的故乡。在回乡路上，他突然意识到，自己只知探讨天道，隐居山中，立说著书，忘了吃乌豆，忘了吃仙醋。他忙叫人制作乌豆，酿醋。乌豆制作好后，老子把乌豆泡到醋里，用陶勺盛起乌豆慢慢吃。吃完了乌豆，老子的精神振奋起来了。以后他越吃醋豆精神就越好，病也慢慢好转了。从此老子一改先前的隐居状态，经常到山外做一些运动，加之常吃醋豆，他的脾胃渐和，气血也开始通畅起来，病也就慢慢痊愈了。

庄子简朴的饮食观

庄子的饮食观念中饱含了对俭朴饮食观念的推崇，从他的饮食思想中，我们也能体会到一种淡泊的人生观和价值观。

庄子在《庄子》一书中勾勒出了自己向往的圣人生活状态，同时也表达了他的饮食观念。庄子认为上古时期是最美好、最值得人们回忆与追求的时代，最重要的原因就是人们可以"含哺而熙，鼓腹而游"，也就是，人们吃饱之后，嘴里还要含着剩下的食物无忧无虑地游逛，这才能充分享受人生的乐趣。他觉得饮食就是要"食于苟简之田，立于不贷之圃"，他主张过一种清心寡欲的简单生活，并且要"其食不甘"，即不追求美味珍馐，是真人的饮食状态，这是庄子简朴的饮食观。

借饮食寓人生

相传，庄子和卜季是很要好的朋友。庄子淡泊名利，卜季却做了丞相。庄子认为，清高的人应放弃对富贵权势的追逐，不应该持权贵之欲，贪红尘之染。于是庄子想劝说卜季放弃丞相官职，和他一起逍遥自由地游览世间。

卜季知道庄子要来说服他时，感到很不安。他认为庄子有着比自己更高的才华，有更明确的治国策略，此次前来有夺自己丞相之位的嫌疑，于是就下命令捉拿庄子。庄子躲开了追缉，来到了卜季面前。此时卜季衣着华贵，庄子则穿着一身破旧的粗布衣服，庄子说要讲一个故事给卜季听。他说："世上有一种最高洁的圣鹤，只在梧桐树上歇脚，只以梧桐叶为食，它的高洁和清雅是其它鸟类不能相比的。圣鹤每年都从西北的天山飞往东海的沿岸。一次，当它经过一片草原时，地上有一只猫头鹰正在啄食一只生

◆ 庄子像

◆ 《庄子》书影

满蛆虫的死老鼠，吃得津津有味。这时圣鹤经过猫头鹰的头顶，猫头鹰紧抓死老鼠抬头叫到：'谁敢抢我的死老鼠？'"庄子是在嘲讽卜季的丞相职位是猫头鹰口中的死老鼠。之后庄子厉声问道："卜季，你怀疑我会夺你的丞相职位吗？"卜季惭愧地低下了头。

饮食节制思想

庄子不仅会借用饮食典故来教化众人，还有着很多独到和科学的饮食思想。庄子说："人可害怕的，宴席饮食之间，却不知道有所节制，实在是过失。"他认为，人对饮食的欲望，一般来说是容易满足的，"啜菽饮水"，无需很大的力气就可以吃饱，所以人们很容易处在快乐里面。

庄子很重视饮食的限度，他讲道："大渴不要大饮，大饥不要大食"。庄子还认为：善于养生的人会懂得内在调养，不善于养生的人只会从外在调养。善于养内的人，会使脏腑恬淡，血气顺调，使一身之气，流行冲和，各种疾病都没有办法发作；注重养外的人会极力满足自己的感官享受，贪婪追求滋味的美妙，享尽饮食的欢乐，虽然这些人的肌肉躯体充实丰腴，容貌面色愉悦光泽，但是酷烈之气已经开始在其体内腐蚀脏腑了，此时形神已经空虚了，怎么能保证良好的身体状态而长寿呢？

在两千多年前的春秋时期，庄子就形成了如此科学和独到的饮食言论及其饮食思想，是很难得的。他的饮食观念也对后世产生了深远的影响，其饮食思想不仅在中国饮食史上具有重要意义，更被华夏子孙所铭记。

延伸阅读

庄子的养生术

庄子既有独到饮食观念和饮食理论，还有一套自己的养生之术。庄子认为，要保证自己的健康首先要内心健康，做到内心健康需要以下几点：

少私。庄子认为：私是万恶产生的本源，是百病的根结。心底无私的人，才能胸怀博大浩远，不计较功名利禄，生活物质"取之有道"，才能够知足常乐。

寡欲。庄子曰："人欲不可绝，亦不可纵"，"多行不义必折寿"。他认为：只有做到知其荣、守其辱、安其身、图其志、创其业、洁身自好的人，才堪称大丈夫，伟男人。

清静。庄子提倡：凡有志于养生的人，都应当有较高的自我控制能力，更要善于在纷乱的环境中保持自我的放松和自我稳定，做到轻松自如地对待生活和困境。为此，他首创了以"头空、心静、身松"为要领的"静坐功"。

豁达。庄子主张人要用乐观的心态处世。如果一个人长期禁锢在自己设置的精神阻碍里面，必然会产生忧愁和苦恼，从而导致"病由心起"。

茹素修行的佛家饮食

> 中国佛教在饮食上以茹素作为斋戒，形成了禁欲修行和素食并存的制度，其饮食观念对中国人的生活方式有很深远的影响。

34

中国佛家禁止肉食的戒律是由中国教派从大乘教义中引伸出来的。佛教有三界轮回的观念，佛教徒相信因果报应，认为只有今世通过斋戒修炼的方法，才能在来世往生极乐世界。所以，佛教徒的饮食只有有所禁忌，才能够真正做到法正，即法食或正食。

"食"在梵语中称"阿贺罗"，即有益身心之意。法食就是遵循法制之食，依法之食必然是正食。适合僧侣食用的有五种净食，食物用火烧熟的为火净，用刀去掉皮核的为刀净，用爪去壳的为爪净，将果物蔫干失去生机再食用的为蔫净，取食被鸟啄残的食物谓之鸟啄净。不能达到火净、刀净、爪净、蔫净、鸟啄净的食物，就是佛家所禁忌的邪命食。

断肉吃素

中国佛教禁止肉食的制度从南朝开始，由南朝梁武帝萧衍倡导。511年，梁武帝亲自颁布了《断酒肉文》，以此劝诫佛教徒要严格遵守不杀生的戒律，并且自己身体力行地遵守。他认为，食肉就是杀生，是一种违反佛教教规的行为，并且凭借自己的皇权对饮酒食肉的僧侣们加以处罚。从那时

起，佛教寺院都禁止了饮酒吃肉的行为。僧侣们常年吃素，这样的行为也对信奉佛教的居士们产生了影响，对素食的发展起到了一定的推动作用。佛家倡导素食，素食是指植物性原料的制成品。

佛家所谓的荤食

在佛教的《梵网经》中有"佛子不得食五辛"的规定。《天台戒疏》中曾经对"五辛"加以解释，认为是"蒜、慈葱、兴

◆ 梁武帝萧衍

◆ 释迦摩尼佛像

晋、京、鲁风味的《素食说略》一书，书中记录了当时流行的170多种素食的制作方法。薛宝辰反对杀生，反对荤食。他指出，如果使用合适的烹饪方法，素食的味道绝对不会比荤食差。薛宝辰劝人们吃素，他经常对别人说：一碗肉，是很多禽兽的生命换来的，食用下去能让人高兴到什么地步呢？想想动物生前活泼自在的样子，再想到它们被捕后的挣扎，最后看到它们被烹煮的可怜样子，还有什么心情动筷子呢？可见，佛家的饮食文化和饮食观念对中国的饮食文化产生了巨大的影响。

渠、韭、薤"。在《西域记》中也认为："葱蒜虽少，家有食者，驱令出郭。"由此可见，佛家的荤食概念，并不仅是指鱼肉等生灵之肉，凡是具有浓烈气味的蔬菜也在僧侣们的饮食禁忌之列。

佛家重视饮水

在日常的饮食中，佛家对饮水的重视程度可谓超出人们的想象。水在佛家眼中有三种： 经过过滤并即时饮用的水称为"时水"；经过滤但是被储存饮用的水称其为"非时水"；洗手或洗器物而不能饮用的水称为"触用水"。佛家戒律认为，没有过滤的水中有虫，喝带虫的水是犯戒的。

晚清的薛宝辰，出任过翰林院侍读学士、文渊阁校理等职，晚年信佛，薛府的膳馔以素食为主，薛宝辰又撰写了颇有秦、

延伸阅读

唐代东山寺著名菜肴

唐代以后，佛教中影响最大的宗派就是禅宗，禅宗四祖道信、五祖弘忍都住在"东山寺"，又被称为"五祖寺"。弘忍一生都倡导素食，他注重僧侣们的斋饭，并且委派称职的僧人们治办伙食，要求三餐搭配，四季相宜，同时也创造出了由煎春卷、烫春芽、烧春菇、白莲汤组成的著名"三春一莲"。煎春卷用面筋、豆腐干、野菜为馅儿，以油皮或者油菜叶为皮制成，烫春芽用"佛香椿"的嫩芽制成，烧春菇由松蕈、荸荠、春笋烧制而成，白莲汤用寺院后面的白莲制成。这几道菜名称素雅，搭配讲究，是中国历史上比较早的寺庙名菜。

李渔的饮食养生观

李渔不仅是清代著名的戏剧理论家、文学家，还是一位杰出的美食家。在他撰写的《闲情偶记》一书中的饮馔部分，较为全面地反映了其饮食观与饮食美学思想，同时也对饮食养生之道提出了独到的见解。

李渔是中国清代著名的作家、戏曲理论家，著有《风筝误》等作品，其所撰写的《闲情偶寄·饮馔》是专门写饮食的。饮馔部所描述的几乎全是他自己的经验之谈，结论中肯务实，而不同于一般的食谱类烹饪著作。饮馔部将饮食分为蔬菜、谷食、肉食三节，分类进行了深入的理论探讨。

重蔬食

李渔主张蔬食为上，肉食次之。他认为，一般论述蔬菜的人，只谈到蔬菜清、洁、芳馥、松脆而已，却不懂得蔬菜最美的地方也在于一个"鲜"字。这种观点在《闲情偶记》中得到了很好的表达，他在书中把蔬食放在卷前，而将肉食放在卷后，表达了清淡饮食的主张。他说："吾为饮食之道，脍不如肉，肉不如蔬。"李渔认为，蔬食能"渐近自然"，因此能养生健体，远肥腻，甘蔬素，是他养性修身的重要内容。

◆ 李渔像

崇俭约

李渔崇尚节俭治家，认为节俭能使一家人生活愉快和圆满。因此，他还创制出了奇特的五香面和八珍面。五香面朴实无华，留作自己家食用；八珍面选料精细，用来待客。除此以外，他还经常"焯笋之汤，悉留不去，每作一馔，必以和之"，"以焯虾之汤和入诸品，则物物皆鲜"等，这些既是他的烹饪诀窍，也体现了他俭约的家风。李渔乡居修坝时，常对人讲的一句话就是"五谷杂粮粗茶淡饭最养人。"

主清淡

李渔认为，"馔之美，在于清淡，清则近醇，淡则存真。味浓则真味常为他物所夺，失其本性。五味清淡，可使人神爽、气清、少病。五味之于五脏各有所宜，食不节必至于损：酸多伤脾，咸多伤心，苦多伤肺，辛多伤肝，甘多伤肾。"这种饮食观念符合现代烹调道理。

李渔谈到食鱼食蟹，又道出了很多深刻道理。他认为，吃鱼的讲究，首先重在鲜，其次才是肥。鲜、肥概括了鱼的全部特点，但针对不同的鱼又各自有侧重。如鲫鱼、鲤鱼、鲟鱼都是以鲜取胜，适宜清蒸或者做汤；如白鱼、鲥鱼、鳊鱼、鲢鱼以肥取胜的鱼，适宜做味道浓厚的菜肴。

忌油腻

李渔说，油腻能"堵塞心窍，窍门既堵，以何来聪明才智"？可见他对油腻的食品是不太喜欢的。这种"忌油腻"的观点也表现在他平时喜欢吃竹笋的习惯上，李渔吃竹笋，主张"素宜白水"，熟后再放一些酱油香醋即可，甚至连麻油也不用。李渔认为，食物自身的鲜和微甜能呈其美味，且可夺他物之鲜丰富己之美，而乱加重油厚味会使本来之"甘"尽失。这些观点今天看来未必科学，但现代科学研究认为，过量地食用油腻食物与肥胖症、冠心病、高血压之间有着密切的关系。

求食益

李渔认为，米养脾，麦补心，应该搭配食用，各取所长。为了能让饮食有益于人的身体健康，饮食不能过多、过快。还要注意饮食时的情绪和心境，大悲或者大怒时都尽量避免饮食。

李渔的饮食之道，源于他崇尚"自然、本色、天成"的观点，而其中又以俭约、清淡、洁美、调和、食益为饮食思想的精髓，俭约中求精美，平淡中得乐趣。300多年过去了，李渔的思想还在对中国饮食文化的发展产生影响。

延伸阅读

李渔论羹汤

李渔因要凭借自己赤贫之身养活全家人，所以深刻地感悟了生活的艰辛。每当遇到菜肴不好，他就用羹汤下饭。他主张，"宁可食无馔，不可饭无汤。"对羹汤，李渔也有这一番精彩的评论，他认为："饭犹舟也，羹犹水也，舟之在滩非水不下，与饭之在喉非汤不下，其势一也。且养生之法，食贵能消，饭得羹而即消，其理易见。故善养生者，吃饭不可无羹，善住家者，吃饭亦不可无羹，宴客而为省馔计者，不可无羹；即宴客而欲其果腹始去，一馔不留者，亦不可无羹。"

第三讲
中华饮食礼仪

食礼的萌芽

在数千年的中国历史中，礼一直是人们行为规范的核心，具有中国一切文化现象的特征。中国食礼萌芽于遥远的先秦时期，从古至今，由上到下，成规成矩，一以贯之。

食礼是人们社会等级身份与社会秩序的认定和体现，食礼的规范和实践最初发端于上层社会，并且由上层社会成员们所遵从和施行。随后统治者又利用手中的权力，将其作为具有普遍约束力的规范秩序来推行，最后成为了具有教化民风作用并流行于全社会的主导意识形态。

远古时期食礼的萌芽

人类文明最早的"礼"起源于远古时代的祭礼，同样也是中国历史上最重要的礼。在远古时代，当有人死去，先民们就会利用食品为其祭祀，食物在这里只是祭礼过程中的道具和信物。先民们的祭祀和祭祀之

◆ 战国水晶杯 浙江杭州

物，是为了鬼神和献给鬼神的，或者也可以说是为了死人的，因此这只能属于食礼的萌芽状态。

食礼的出现与演进

食礼最初起源于祖先们的共食生活实践，也受到了祭祀礼仪的启示。在远古社会，家庭还没有出现，人们是群居共食，这一习性或习惯延续了相当长时间。当时的人类只能通过一个群体进行觅食，当他们集体觅食之后就各自"狼吞虎咽"地吃起来。那时在他们脑海中也没有伦理道德的约束，所以彼此之间在进食时的礼貌或协作也就无从谈起了。

随着人们的生产力和思维能力逐渐提高，人类社会也随之发展起来了，先民们获得的食物逐渐增多，同时人类也开始懂得制造各种饮食器具。最初人们的饮食生活可能也随之出现了一些比较简单的约定俗成的规矩。例如，食料或食物在男女、壮弱、老少等不同成员之间的分配方式，以及在通常情况和特殊状态下的分配原则；有了重大收获或其他特别时刻的食事举措等。诸如此类的

◆ 东周青铜器上的备宴场景图案

一些可能存在的规矩，可以有效地维护群体成员之间关系的稳定性以及促进人类社会活动的有效性。但这些规定他们很可能还仅停留在这样一种原始或基本管理意义的"行政"手段层面。这只是食礼的雏形。

　　等到人们脑海中出现了对鬼神的敬畏，以及先民们对许多神灵威力的等级差异有了认识，并且其已经成为影响饮食生活的重要因素时，食礼才出现。如集体或社会成员之间因财产和地位有了区别，共食或聚餐场合的讲究才成为客观需要，到这时严格意义的食礼才出现。古人云："衣食既足，礼让以兴"。"礼"只能是社会生产和社会生活发展到一定历史阶段以后的产物，"礼"的作用主要是用来别尊卑，用于区别神人尊卑的祭礼原则和精神或有关思想进入人群社会中，并且开始在他们最易于也最需要作此区别的社会和交际性饮食活动场合发生作用时。人们为了实现人群社会关系在饮食活动中贯彻，为了社交饮食生活中的情感表达，食礼也就随之出现了。

　　实际上，食礼是人们对社会等级身份与社会秩序的认定和体现。其次才是以其为核心，或在此基础之上的诸般文化形态的演绎和展示。随着时间的不断推移和文化的逐渐下移，当民间百姓有越来越多的机会参与到各种社交性饮食活动之后，食礼就以全社会普泛的文明教养和文化娱乐属性为大众所认知和传承，其等级秩序的最初性质和功能便越来越埋入历史的底层，其本来面目越来越难以被认识和理解了。

延伸阅读

远古时代的食品祭祀

　　远古时期，遇到亲人死去的不幸事件，人们就会攀登到高处呼唤他的名字，这样做的目的是为了唤回其离开身体的灵魂。先民们认为，人活着要依靠附着在身上的灵魂。呼唤之后，如果人仍不复活，人们就认为他的魂魄已经远去了，也就是他真的死了。之后，就会给其举行隆重的葬礼：将死者的尸体清洗干净，用生米等食物塞到其嘴里，谓其"含礼"，最后还要用草裹上一块熟肉来致奠。"礼"字的出现，即是这种祭祀活动和事象的记录与表述。

待客饮食礼仪

随着社会的发展，最晚在周代，中国历史上就出现了一套较为完备的饮食礼仪制度。这些饮食礼仪制度后来也有了较高的层次，并且充分显示了中国作为一个礼仪之邦的"尚礼"特点。

《礼记·礼运》说："夫礼之初，始诸饮食。"礼仪是产生于饮食活动的，饮食之礼是一切礼仪的基础。最迟在周代，中国就已经有完整和规范的饮食礼仪了。周代的很多饮食礼俗经过儒家整理和收集，比较完整地保存在《周礼》《仪礼》和《礼记》中。

访客进食之礼

作为客人，到外面赴宴要遵守一定的饮食礼仪。赴宴时入座的位置有一定的礼仪要求，要做到"虚坐尽后，食坐尽前"。古

◆ 战国时代的金盏金匙

人席地而坐，客人为了表示谦卑和礼让要坐得比尊者、长者靠后一些；饮食过程中为了防止食物掉到座席上，食客要尽量坐得靠近

食案。

宴饮开始，馔品端上食案时，客人表示礼貌要站起。如果遇到贵客到来，其他客人也都要起立恭迎。如果来宾的地位低于主人，则必须端起食物向主人表示感谢，等到主人寒暄完毕之后，客人才可落座。

宴席上，客人享用主人准备的美味佳肴，却不能随便取用这些菜肴。须得"三饭"过后，主人指点菜肴让客人食用，并且还要告知客人所食菜肴的名称，客人才能食用。"三饭"即一般的客人吃三小碗饭后便说吃饱了，须主人再劝而食。宴饮快结束的时候，主人绝对不能先吃完饭而不管客人，必须要等到客人饮食完毕才能停止进食。

仆从待客之礼

席间待客的仆人和随从也要遵循一些饮食礼仪。仆从负责安排筵席的菜品摆设，馔品的摆放有严格的食俗礼仪，如脍炙等肉食类要放在外边；酒浆也要放在人的身边；葱末之类可以放得远一点；醯酱等调味品则需要放在靠人近些的地方以便客人选用；带骨的肉要放在净肉的左面，饭类的食品要放

在客人的左边，肉羹则需要放在其右边；如果有肉脯之类的食品，还要注意其摆放的具体方向。

摆放酒樽和酒壶等酒器时，仆从要将壶嘴面向贵客。仆从回答客人的问话时必须要将脸侧向一边，以避免呼气和唾沫溅到盘中或客人脸上让人感到不适。在端出来菜肴之时，禁止面对客人和菜盘子大口喘气。如果上的菜是整尾的烧鱼，一定要将鱼尾朝向客人，原因是鲜鱼肉从尾部易剥离出鱼刺。在冬季，鱼的腹部肥美，摆放时为了便于取食要鱼腹向右；在夏季，鱼鳍部较肥，要将鱼的背部朝右摆放。

陪客侍食之礼

宴席之上陪客人也有一套饮食礼仪。仆人上菜之后，主人还要引导，陪伴客人吃饭，其中包含着很多讲究。席间陪长者饮酒时，酌酒时必须要起立，离开座席并且要面向长者叩拜之后才能接受。如果长者一杯酒没喝完，少者也不能先喝完。如果长者赐饮食给少者和仆从这些地位低的人，受赐的人也不必辞谢。

侍食年纪大并且地位高的人，少者还要先准备吃几口饭，古礼称之为"尝饭"。虽然是先尝食，但是不得先吃饱，必须要等尊长吃饱后才能放下碗筷。少者吃饭时还得斯文小口地吃，而且要尽量快地咽下去，这样做是为了准备随时能回复长者的问话，谨防把饭喷出来。

对熟食制品来说，侍食者都要先尝。如果是水果之类，则尊者必须先食，少者绝对不能抢先。如果尊者赏赐地位低的人水果食品，吃完果子剩下的果核也不能扔下，要郑重地放好，否则就是极不尊重。如果尊者赐给没吃完的食物，如果盛食物的器皿不容易清洗，还得先倒在自己用的餐具中才可食用。在当时，贵族们对自己的饮食卫生相当重视。

以上内容只是诸多礼仪当中的一部分。我们从这些饮食待客礼仪当中能体会到中国人自古以来对"礼"的重视。

延伸阅读

周代食礼禁忌

中国古代文明的细枝末节，在饮食生活中得到了圆满的体现。

共食不饱。同别人一起进食，不能吃得太饱，要注意谦让。

毋抟饭。不要把饭抟成大团，大口大口地吃，有争饱不谦之嫌。

毋放饭。要入口的饭不要再放回饭器中去，别人会感到不卫生。

毋饭黍以箸。吃黍饭不要用筷子，食时用匙，筷子专用于食羹中之菜。

毋嚃羹。吃羹时不可太快，既易出恶声，亦有贪多之嫌。

毋絮羹。客人不要自行调和羹味，这会显得自己比主人更精于烹调。

毋刺齿。进食时不要随意剔牙齿，如齿塞须待饭后再剔。

毋嚼炙。大块烤肉或烤肉串不要一口吃下去，狼吞虎咽，仪态不佳。

当食不叹。吃饭时不要唉声叹气，唯食忘忧，不可哀叹。

周代宴饮之礼

中国自周代以来就有了严格的礼仪规范，在宴饮活动中表现得最为充分。相关的饮食礼仪，也有着严格的规定。

在周代中国历史上出现了诸多的严谨礼仪，宴饮礼仪在其中扮演了非常重要的角色。在《仪礼》中的《乡饮酒礼》《乡射礼》《大射》《燕礼》《公食大夫礼》《聘礼》《觐礼》各篇章中，对相关的宴饮礼仪都有着严格的规定。

周公与宴饮礼

史书上说"周公制礼作乐"。周公旦辅佐周成王管理国家，为了维护周朝的统治，为了加强对诸侯王的控制，就结合等级制和宗法制制定了一套完整的制度和规范，这些规范几乎包含了君臣、父子、兄弟、亲疏、尊卑、贵贱等各种社会关系的礼仪。其中，周公也制定了一套宴饮礼仪。《周礼》记载："设筵之法，先设者皆言筵，后加者曰席。"《周礼·公食大夫礼》记载，周天子宴请是"六食六饮六膳，百馐百酱八珍之齐"；上大夫宴请是"八豆八簋六铏九俎"。可见，《周礼》中对等级、身份不同的宴饮菜品有了明确的规定。

乡饮酒礼

在周代，民间著名的"乡饮酒"礼就是严格遵循食礼的典范。乡学三年后要进行

比赛，之后会按照学生的德行选其中贤能的人，推荐给国家。在正月推荐学生之时，乡里大夫就会以主人身份与选中的人以礼饮酒而后推荐。整个乡饮酒的程序一共包含二十七个程序。

首先，乡大夫请学生按学生德能分为宾、介、众宾三等，宾为最优。大夫主持大礼，告诫宾、介互行拜答之礼。接着是陈设，为主人及宾、介铺垫座席，众宾之席铺的位置略远一些，以示德行有所区别。在房前摆上两大壶酒，还有肉羹等。摆设完毕，主人引宾、介入席，入席过程中，宾主不时

◆ 周代的列鼎——九鼎之一　河南淅川

揖拜。

　　饮酒开始时，主人要先举起酒杯，并且亲自在水里洗过，然后将杯子献给来访的宾，宾要拜谢。主人接着为宾斟酒，宾继续拜谢。宴饮之前，按照惯例要祭食。宴席之上要放置俎案，还要放上肉食，宾左手拿着爵杯，右手执着脯醢，祭酒肉，然后尝酒，拜谢主人。主人劝宾喝酒。接着主人又献介饮酒，礼仪与对待宾的相同。介回敬主人饮酒。主人又劝众宾饮，众宾也回敬主人。

　　宴饮中要有乐工四人组成的乐队侑酒，二人唱歌，二人鼓瑟奏乐，还要有一位乐师担任指挥。所唱的歌一般都为《诗经·小雅》中的《鹿鸣》《四牡》《皇皇者华》。其中，《鹿鸣》是君臣同燕（宴）、讲道修政之歌；《四牡》是国君慰劳使君之酒。接着又是吹竹击磬，演奏《诗经》所谱的乐曲。整个饮酒过程中还会有音乐相伴，最后还有合乐，即合奏合唱，所唱的歌大多出自《诗经》中的篇章。

　　最后，主人请撤去俎案。宾主饮酒前都曾脱了鞋子上堂，现在重新穿上鞋子，这些人又是互相揖让，升坐如初。坐时，主人命进馐馔如狗肉之类，以示敬贤尽爱之意。最后，宾、介等起身告辞，乐工奏乐，主人送宾于门外，辞别。

　　到了此时，乡饮酒礼还没有真正结束。第二天，宾还要穿着礼服前往拜谢主人，这时还要举行一次宴饮礼仪，这次的宴会要求简单，而且礼仪要求也没第一次严格了。这时对饮酒就没有了之前的限制，可以将醉而止；奏乐也不限次数，表达欢乐而

已。有时也不必特别杀牲，不必大操大办。举办这样的乡饮酒，对年轻人来说是一种鼓励和鞭策，具有一定的积极意义。

　　宴饮礼仪过于繁复，统治者们偶尔也会感到有一些不方便。例如食物，符合礼仪规定的食物并不一定都符合统治者的胃口，如大羹、玄酒和菖蒲菹之类；另外喜欢吃的东西却又因不符合礼仪的规定而不能吃。贾谊在《新书》中记载：周武王做太子的时侯，很喜欢味道难闻但是食用美味的鲍鱼，但是姜太公不允许他吃，并对周武王说：鲍鱼不用于祭祀，所以太子不能吃这类不合礼仪的东西。

延伸阅读

饮食与娱乐的完美交融
——"大射"礼

　　周代的饮食活动并非想象中的繁缛和枯燥，也有很多把饮食引进娱乐游戏之中的趣味活动，"大射"礼就是其中典型的代表。这种礼仪会要求诸侯王在将举行一次祭祀之前，要与臣属一起射矢观礼，射靶及格者才可以和诸侯一起祭拜，否则就没有同祭的资格。这本是极简单的射击比赛，但是却被赋予了很多礼仪教条，约须经过四十道程序，大射礼才算完成。大射礼的场面不仅在儒家经典内有描述，更在东周时代一些图案当中出现，从中可以极清楚地找到劝酒、持弓、发射、数靶、奏乐的活动片断，生动具体地再现了当时的情形。

孔子食事之礼

孔子的饮食观念和他的政治主张一样著名，他把礼制的思想渗透到了饮食生活之中，他主张的送迎礼、交接礼、布席礼、进食礼对中国饮食礼仪产生了重要影响。

宴饮能满足人类的食欲，更能体现人际关系和个人修养。孔子主张的食礼既有贵族官场饮食的礼仪规范，也具体到一个人在宴饮场合的文明修养和应该遵循的规范。

送迎之礼

孔子认为，送迎来访客人应该遵循一套规范：宾客和主人的身份等级相同，主人要到大门外迎接客人；客人身份低于主人，主人在大门内迎接。进每道门时，主人都要请客人先进。进到内门，主人请客人允许自己先进门为客人布席，然后出来迎接客人。

客人二次推让，主人引导客人进屋。

主、客分别从东、西两边拾级而上，若客位卑则应循主人之阶随进；主人再次相让，然后客仍从西阶上；主人先登，客人跟随。登台阶的方法，拾东阶先迈右脚，由西阶行者先迈左脚，且在每一阶并足之后再向上迈，不可如行路一样越阶迈步，如此则主、客可以微侧身示礼，又显得格外郑重。

交接之礼

孔子认为，宴饮交接应该遵循一套规范：在幄幔和帘之外，走路要轻缓，不可急

◆ 孔子讲学图 宋 李唐

快；如果客人手拿着玉一类贵重礼物走路，为了显示安全和郑重就更不可迈步急迫。在堂上走动时，每步的距离应当是后脚接着前脚；堂下行走移步的距离是两足间约略容下一履的长度。举止动作不能过于随意轻浮，并排坐时不要把臂膊撑起以防止影响到他人。献礼时，如果尊者站立，为了避免尊位的人弯腰才能接纳，卑位的人不要用跪姿；如果位尊的人是坐姿，为了避免失礼，卑位的人不能用站姿。

布席之礼

孔子认为，宴席布置应遵循一套规范：如果客人的身份比主人尊贵，在扫除时应当将扫帚放在簸箕之上，双手拿着进入。清扫之时，为了避免扬起的灰尘落到客人身上，应用袖头在前遮掩着倒退着扫。收拾扫积的秽物时，箕口不应该对着客人而是朝向自己。设席应该左高右低；座次若一排散布，左为上座；如果围坐，则应向位尊的客人请问其习惯和愿意坐的位置，坐席、卧席都要遵从地位尊贵之人的选择。如果按照东、西方向设席，与宴者成面北、面南坐式，则西方为上（古人认为，坐在阳则贵左，坐在阴则贵右，南座是阳，其左在西，北座是阴，其右亦在西，俱以西方为上）；如果南、北方向设席，则以南方为上（东座在阳，其左在南，西座是阴，其右在南，具亦以南方为上）。

进食之礼

孔子认为进食的礼节应该是：大块的带骨熟肉放在左边，小片的无骨的熟肉置于右边；燥热的饭位于左，羹居于右。饭、

羹就近，脔胾在饭羹之外，醢酱放置略远一些，再远之处置脍炙。在醢酱的左方是生葱和熟葱两种佐料。若是客人的身份低于主人，进食之前要起身向主人表示谢意，主人也要起身致谦辞，于是客、主复坐。

之后主人率先、客随之以少许饭置于豆之间的地上，除了鱼腊醢酱之外的肴品也同样"祭食"。三饭之后，主人请客人进食带骨的肉。之后依次吃肴、肋脊、骼、腿，吃完腿肉即是饭"饱"之时了。待到主人也吃过腿肉之后，客人喝上一口酒荡荡口，谓之"虚口"，以浆荡口则为"漱"，目的是清洁口腔，以助消化，同时表示自己用膳完毕。如果客人身份比主人尊贵，则主人要主动给客人进馔，客人拜谢；如果主客身份地位相同，则主不进馔、客不拜谢。

延伸阅读

孔子倡导循礼

孔子强调习礼、循礼，自己也循礼而食，循礼而眠。他认为：君长赐给的果实类食品，如果带核，吃剩下的核不能当面扔掉。君长将吃剩下的食物赏赐给一旁劝侑进食的人，如果食物是盛在梓漆一类可以洗涤的器皿中，可在器皿中食用，用后洗净，如果是其他器皿则应随即倒于别的器皿之中再食。

在子孙掌家事宴宾及妻族宴饮时，父辈和丈夫虽受食而不祭。孔子关于族中祭祀时的食规食礼主张亦属其广义食礼思想见识的组成，其中"肉虽多，不使胜食气，唯酒无量，不及乱"；"席不正不坐，乡人饮酒，杖者出，斯出矣"等主张，则是当时有普遍实践意义的食事之礼。

古代的座次礼仪

中国古代的饮食礼仪非常重视座次礼仪，这些规范在繁杂之中不仅体现了中华民族崇尚"礼"的特点，更体现出了中国古代封建等级制度的森严。

在中国古代封建社会中，不同阶层的饮食活动，都普遍遵循着礼的规范。同时，这些规范都体现着尊卑等级的差别。《礼记·内则》中记载："子能食食，教以右手"，从中可以看出，中国人已经把食礼当成了家庭启蒙礼教的重要组成部分。在中国宴席上的座次之礼，即"安席"，就是中国古代食礼的中心环节。

在宴席座次的安排上，中国自先秦就有以东为尊的传统，在《仪礼·少牢馈食礼》和《特牲馈食礼》中，我们可以从中看到这样一种现象。郑玄在《禘祫志》中记载：天子祭祖活动是在太祖庙的太室中举行的，神主的位次是太祖，东向，最尊；第二代神主位于太祖东北，即左前方，南向；第三代神主位于太祖东南，即右前方，北向；主人在东边面向西跪拜。由此可以反映出室中尊卑位次的排序。

明末清初的著名大儒顾炎武说："古人之坐，以东向为尊。"这是指室内设宴

◆ 鸿门宴壁画

的座席安排。清代的凌廷堪在《礼经释例》中讲道："室中以东向为尊，堂上以南向为尊"。在堂中以南向为最尊，次为西向，再次为东向。堂是中国古代宫室的重要组成部分，其主要用于举行典礼、接见宾客和饮食宴会等，但不用于寝卧。堂位于宫室主要建筑物的前部或者中央，坐北朝南。堂前有两根楹柱一般没有门，东、西两壁墙称为序，在堂内靠近序的地方分别被命名为东序和西序。堂的后面有墙，把堂与室、房隔开，室、房有门和堂相通。堂的东、西两侧是东堂、东夹和西堂、西夹。《仪礼·乡饮酒礼》中记载，在堂上宴饮席位的设置次序是：主宾席在门窗之间，南向而坐；主人在东序前，西向而坐；介则在西序前，东向而坐。

在一些普通的房子或者军帐里，都是以东向为尊的。家庭中最尊贵的首席位置一般都由家中的长者来坐，但有时也有例外，在《史记·武安侯列传》中记载：田蚡"尝召客饮，坐其史盖侯南向，自坐东向"。田蚡在家中坐首席，原因是他官居丞相，虽然在家哥哥比他年龄长，但哥哥官位却没有弟弟高，因此他也只能东向坐，以符合他的丞相身份，这是符合礼制要求的。

隋唐以后，由于家具的发展，起居方式也由坐床向垂足高坐方向转变，矩形、方形等多种形制的餐桌都出现并且普遍风行了，座次礼仪也有了一些新的变化。其中的饮食方桌，以八仙桌为代表，贵客专门使用一个桌子，等而下之可2人、3人、4人、6人或8人一桌共餐。除了专桌以外，其余桌子有2人以上者，一般都按1比1主陪客制安排。宴席中一席人数并非定数，自明代流行八仙桌后，一席一般坐8人。但不论人数多少，均按尊卑顺序设席位，席上最重要的是首席，必须待首席者入席后，其余的人方可入席落座。随着聚宴人数的增多和席面规模扩大，圆桌也就出现在合餐场合中了。袁枚在《圆几》诗所说："让处不知谁首席，坐时只觉可添宾。"从这首诗中不难看出，圆桌替代方桌，也给人们带来了些许不适应的感觉。

通过上述古代宴饮座次的描述，我们会发现，封建社会的等级观念和宗法观念在其中起着重要的作用。这些宴饮的座次礼仪，不仅是中国崇尚"礼"的外在表现，更体现出了中国古代封建社会等级制度的森严。

鸿门宴中的饮食座次安排

汉代的饮食座次安排规则在《史记·项羽本纪》中清楚地反映出来。在描绘鸿门宴的场景时说："项王、项伯东向坐，亚父南向坐，沛公北向坐，张良西向侍。"项羽东向坐，是自居尊位而当仁不让，项伯是他叔父，不能低于他，只有与他并坐，范增是项羽的最主要谋士和重臣，所以他的坐次虽然低于项羽，却高于刘邦。刘邦势单力薄则只能屈居于亚父之下。张良是刘邦手下的谋士，在五人当中的地位最低，所以只能敬陪末座，也就是"侍"坐。

分餐和合餐礼仪

据有关史料记载，在唐代以前，古代中国人就开始分餐进食了，而随着生产力的发展，分餐逐步转化成为了合餐。这两种用餐方式都有着悠久的历史和深刻的文化内涵。

饮食文化不是孤立存在的，与社会生产力自然也有着密切的关系。随着时代的发展和人类生产能力的进步，越来越多样的饮食器具被发展出来，同时也催化了新的饮食方式的转变和诞生。

分餐礼仪

在很多文字记录和绘画上可以找到唐代以前分餐的形式。一些汉墓壁画、画像石和画像砖上，我们可以看到人们席地而坐、一人一案的宴饮场面。成都市郊出土的汉代画像砖上，也有一幅宴乐图，在其右上方，一男一女正席地而坐，两人一边饮酒，一边

◆ 汉墓壁画宴饮图

观赏舞蹈。中间有两案，案上有尊、盂，尊、盂中有酒勺。在《史记·项羽本纪》中描述的鸿门宴，也是实行的分食制，在宴会上，项王、项伯、范增、刘邦、张良一人一案，分餐而食。在河南密山县打虎亭一号汉墓内画像石的饮宴图上，主人席地坐在方形的大帐内，面前还摆设一个长方形的大案，案上还有一个大托盘，托盘内放满了杯盘，主人席位的两侧还各设置有一排宾客席。

合餐礼仪

唐代以前，中国人一直都是以各自的食具分别进食的分餐制。随着生产力的逐步发展，越来越多的食器被制造出来，等到适用于合餐和聚餐的桌椅被制造并普及出来，大约在唐代的中期以后合餐的饮食形式逐渐发展起来。到了宋代，合餐的发展达到了顶峰，也逐渐普遍起来。

在民族大融合的西晋时代，北方少数民族的诸多习惯开始流入中原地区，这不可避

◆ 汉墓壁画夫妇宴饮图

兔地给饮食发展带来了影响。胡床、椅子、凳子、床榻等家具也逐渐问世，人们铺在地上的席子也被取代。到了隋唐，这种风潮达到了高潮，传统床榻几案的高度逐渐增加，桌子、椅子也逐渐风靡起来。

在五代时，新出现的家具已经渐渐定型，在南唐画家顾闳中的《韩熙载夜宴图》中，我们可以看到各种桌、椅、屏风和大床等陈设在室内，画中人物完全摆脱了席地而食的旧俗。这幅画取材于真实人物，也体现出了人们饮食方式的变化。

随着桌椅的普及和使用，人们有了围在一桌旁边合餐的物质条件。这在唐代的很多壁画中也有不少反映。在陕西长安县南里王村发掘的一座唐代韦氏家族墓中，在墓室东壁绘有一幅宴饮图，图正中放置了一长方形的大案桌，案桌上罗列着各种饮食器具，食物丰盛，在案桌前放置了一个荷叶形的汤碗和勺子，供众人使用，周围还有三条长凳，每条凳上坐了三个人。这幅图表明分食饮食形式已经逐渐过渡到了合食饮食的形式。

分食制向合食制的转变，是一个渐进的过程。在相当长的历史时期，这两种饮食方式是并存的。如在《韩熙载夜宴图》中，南唐名士韩熙载盘膝坐在床上，几位士大夫分坐在旁边的靠背大椅上，他们的面前分别摆着几个长方形的几案，每个几案上都放有一份完全相同的食物。碗边还放着包括餐匙和筷子在内的一套进食具，互不混杂，这表明，当时虽然合食制已成潮流，但分食制仍然同时存在着。

合食制的普及是在宋朝时，那时随着餐桌上食品的不断丰富，传统的一人一份的分食方式已经不能适应时代的发展了，围桌合食也就成了人们主要的饮食方式。

延伸阅读

反思合餐饮食习惯

近年来许多专家和民众倡导分餐制，反对"交换唾液"的合餐制，因为合餐习惯有种种弊病，关系到每个人的健康。

合餐饮食不卫生：多个人一桌合餐时，不知道同桌就餐者何人带有传染病病毒或病菌，可能导致交叉感染。

合餐饮食不节俭：讲排场、好面子，合餐消费一般都会超出基本的热量与营养需要，多会造成资源浪费。

合餐饮食不科学：在讲究色香味时，高糖、高盐、高脂肪的三高食品不断出现在餐桌上，我国成年人中近年已有35%的人体重超标。

合餐饮食不尊重：合餐制不顾个人感受、不尊重个体的人格，没完没了地敬酒、谦让，素食者等个人饮食习惯也难以得到应有的尊重和保护。

第四讲

中华饮食器物

新石器时代食器

> 新石器时代是炊食具发展史上的初始阶段，这时的食器基本以陶器为主，它奠定了中国古代炊食器具的基本架构，其造型与装饰也寄托了先民的宗教意识与审美观念。

饮食器具文化可以追溯至旧石器时代中后期，这一时期人们掌握了采用石板和石子作为传热炊具的间接烧烤技法及发明用水煮的方法，但整个旧石器时代都不存在真正的炊具与食具。陶器的发明将人类社会带入了新石器时代，从此才有了专用于烹调、盛食、进食的器具。陶器的发明是史前时期划时代的变革，这一发明对文明进程的影响深刻而久远。在金属器进入社会生活之前的数千年里，陶器一直是人类最主要的生活器具，在中国，陶器的发明被视为由旧石器时代进入新石器时代的标志之一，人类所发明的第一件陶器是用来做饭的，因此可以说，人类第一件炊具随着新石器时代的到来而产生了。

史前彩陶

陶器发明之后，经过了约两千年的发展，陶器制作达到了很高水平，精制的彩陶出现了。彩陶不宜作炊器，可以作水器和食器等，一些大型彩陶器是在特定场合使用的饮食器。黄河流域是世界上的彩陶发祥地之一，生活在渭水流域的新石器时代先民最先在陶器上施用了彩色，仰韶文化的彩陶在中国新石器时代彩陶中占有十分重要的地位。仰韶文化前期彩陶以红地黑彩为主要特色，纹饰多为动物形及其变体，具有浓厚的写实风格。还有不少几何形纹饰，纹饰线条多采用直线，纹饰复杂而繁缛，代表了黄河流域彩陶的主流。后期又出现了白衣黑彩，依然

◆ 大汶口文化的动物形陶器

◆ 仰韶文化彩陶瓶　甘肃甘谷

能见到写实图案，更多见到的是花瓣纹与垂弧纹等，纹饰线条多采用弧线，纹饰比较简练。彩陶是史前时代最卓越的艺术成就之一，是人类艺术史上的一座丰碑。新石器时代彩陶是史前人审美情趣的集中体现，也是史前艺术成就的集中体现，有些研究者称之为"彩陶文化"。

新石器时代炊具

新石器时代的炊食具基本上以陶器为主，尽管当时还在使用木器和骨器进食，但数量已经很少。新石器时代的炊器主要有灶、鼎、鬲、甗、鬶、甑、釜、斝；食具有盆、盘、钵、罐、瓮、壶、瓶。这些器物的形态与组合关系，是与当时的食品构成、烹饪方式及饮食习俗密切相关的。由于当时对谷物只能进行脱粒、碾碎等简单的加工，因此，食品加工不外乎蒸、煮两种方法，即将碾碎的粮糁放入鼎、鬲、釜等炊具中和水而煮，或将粮糁揉成饭团面饼置入甑、甗中蒸

熟，粥羹类软食与饼团状干食就构成了新石器时代的主要成品食物。

新石器时代诞生的炊食具有很多都延续发展至商周甚至以后各代，如碗、盘、盆、罐类盛食器皿自产生至今便绵延不绝，成为各个时期最普通的食具。而此时的盆、盘、豆、碗类食具主要是盛装素食的。这是因为在当时，白菜、芥菜类蔬菜瓜果是人类的主要辅食，而对肉食的加工多以切割和直接烧烤为主。此外，也有一些饮食器具昙花一现，如三足类炊具，尤其是空三足炊具在新石器时代极盛一时，夏、商与西周尚在沿用，东周以后便退出了历史舞台。作为饮具只存在于龙山时代，进入夏、商、周便成了酒器。陶斝作为炊具仅存在于新石器时代晚期。

第四讲　中华饮食器物

夏商周时期食器

夏、商、周时期，是中国青铜文化的鼎盛时期，中国饮食生活的基调和格局初步奠定。考古发掘出土了大量的青铜器，就涉及很多当时最为盛行的食器。

进入奴隶制社会后，农业和手工业较新石器时代都有了长足的发展，从而提供了更为充裕的食物来源，饮食具的发展也有了坚实的技术基础。因此，夏商周时期饮食器具的种类和数量都较以前大为增加。

青铜饮食具

国家的出现，阶级观念的强化，使得饮食器具被赋予了等级的含义，大量的青铜饮食具的出现与繁盛是这一时期最伟大的变革。商周时代的青铜器在造型、装饰，多给人庄重神秘的感觉，被人们用于各种祭典中的通神礼器，青铜饮食具进而成为国家祭祀的礼食之器。

夏商周时期的奴隶主阶层主要使用青铜器作饮食器具，青铜炊煮器主要有鼎、甗、鬲三种，都是新石器时代就有的器形。鼎又是重要的盛食器，有方形和圆形两种。殷墟妇好墓还出土过一件气锅，中间有一透底的汽柱，柱顶铸成镂空的花瓣形，十分雅致。这类气锅可能在商代前就发明了，代表着一种高水平的烹饪技巧，说明人们对蒸汽能早就有了深入的认识。

商代的盛食器有圆形的簋和高柄的

豆，水器则有盘、缶和罐等。酒器有饮酒的爵、觚，盛酒的觥、尊、方彝、壶等。一般的庶民阶层所用器皿大多为陶制，但造型却与青铜器相似，他们死后，照例在墓中随葬一两件陶、爵、陶、觚等酒器，以表明他们饮酒的嗜好。

自商代中期开始，原始瓷器也开始出现，并成为存放食品的新器具。另外，产生于新石器时代的漆器在夏商周时期有了较大

◆ 商代大禾方鼎。古代农业生产祭祀用器

◆ 西周成王方鼎。为西周王室用器，举行
　祭祀时用鼎煮肉，以供祖先享用

的发展，成型与装饰也越来越精美，漆器餐具也逐渐成为饮食具中的重要内容。

九鼎等级制

在奴隶社会，鼎不仅被看作是地位的象征，也是王权的象征。原先仅仅作为烹饪食物之用的鼎，在商代贵族礼乐制度下成为第一等重要的礼器，又称作"彝器"，即"常宝之器"。鼎不再是一种单纯的炊器和食器，它成了贵族们的专用品，被赋予了神圣的色彩，演化为统治权力的象征。

天子用九鼎为制，据说起于夏代。后来三代的更替，是以夺到九鼎作为象征。春秋五霸之一的楚庄王"一鸣惊人"，与晋国在中原争霸，他陈兵东周王朝边境，向周王室的大臣问九鼎的"大小轻重"。后世将"问鼎"比喻为图谋王位，正缘于此。值得回味的是，这九鼎尽管如此神圣，到了战国时竟被弄得下落不明，成了一桩历史公案。

贵族们在古代被称为"肉食者"，这是他们饮食多肉的缘故。东周时烹饪技术有较大发展，肉食制品种类增多，进食方式也有了改进，餐叉的运用正是这些变化的一个结果。

这种饮食上的等级制度，被原封不动地移植在埋葬制度中。考古发现过属国君的九鼎墓，也有不少其他等级的七鼎、五鼎、三鼎和一鼎墓，没有鼎的小墓一般都见到陶鬲，这是平民通常所用的炊器。能随葬五鼎以上的死者，不仅有数还有车马殉人，各方面都显示出等级的高贵。

延伸阅读

列鼎而食

考古发现，西周贵族墓葬中的随葬品中有很多成组的鼎，这些鼎的形状、纹饰以致铭文都基本相同，有时仅有大小的不同，容量依次递减，这就是"列鼎而食"的列鼎。列鼎数目的多少是周代贵族等级的象征，用鼎有着一套严格的制度。据《仪礼》和《礼记》的记载，大致可分别为一鼎、三鼎、五鼎、七鼎、九鼎等。

一鼎，盛豕，即小猪，规定"士"一级使用。"士"属贵族阶层的最底层。三鼎，盛豕、鱼、腊，或盛羊、豕、鱼，称为"少牢"，为士一级在特定场合下所使用。五鼎，盛羊、豕、鱼、腊（肉干）、肤(切小的熟肉)，也称为"少牢"，一般为下大夫所用。七鼎，盛牛、羊、豕、鱼、腊、肠胃、肤，称为"大牢"，为卿大夫所用。

九鼎，盛牛、羊、豕、鱼、腊、肠胃、肤、鲜鱼、鲜腊，又称为"大牢"。《周礼·宰夫》说："王日一举，鼎十有二"，十二鼎实为九鼎，其余为三个陪鼎。九鼎为天子所用。

第四讲 中华饮食器物

秦汉时期食器

自秦汉时期，中国封建制度逐渐稳定，社会结构与人际关系，技术革新与生活习俗，都呈现出前所未有的新气象。饮食器具也形成了承前启后的新特点。

在经历了春秋战国时期"百家争鸣"及数百年的兼并战争后，夏商周时期的礼乐制度到秦汉时期已趋于崩溃。曾一度作为礼制载体的饮食器具，由祭祀鬼神的神秘礼器还原为满足人们日常生活的普通用具。炊具中的鼎在秦汉时已大为减少并渐失本意而消亡，鬲已不复存在，甗也渐被釜甑取代。盛食器中的豆、簋完全绝迹。这些作为礼器的饮食具的消亡，标志着一个制度的终结。

灶具

这一时期的炊具是以灶为核心的复合烹饪器。灶的功能和形态多样化，既有日常的不可移动的垒砌灶，也有专供温食、行军使用的小型金属灶；既有单火孔灶，也有适合煮、蒸、温水的多火孔灶。灶上所用炊具是釜和甑，盛食和进食的器具有碗、盘、盆、罐及勺、箸等。这种组合已基本固定，饮食具在秦汉时期已基本齐全了。

铁质炊具

秦汉时期是饮食具和饮食方式发生重大变革的时期，青铜饮食具的地位极大地削弱，铁质炊具在秦汉时期得到推广和普及。由铁釜演变而成的铁锅成为延续至今的基本炊具。铁器易于导热的性能与动物油脂的结合，更是促成了"炒"这一最具中国特色的烹饪方式。此时的陶器主要用于盛装和贮藏，其数量也大为减少，汉代的瓷器则逐渐发展起来并在魏晋时期大量进入炊事领域。

◆ 马王堆汉墓出土食具漆耳杯

◆ 汉代的漆耳杯

漆器

在铜器时代到来的同时，漆器时代也开始了。制漆原料为生漆，是从漆树割取的天然液汁，主要由漆酚、漆酶、树胶质及水分构成。生漆涂料有耐潮、耐高温、耐腐蚀功能。漆器多以木为胎，也有麻布做的夹胎，精致轻巧。漆器有铜器所没有的绚丽色彩，铜器能做出的器型，漆器也都能做出。漆器工艺在夏商时代就已发展到相当高的水平，到东周时上层社会使用漆器已相当普遍。秦汉之际，漆器制作便已达到历史的顶峰，成为中等阶层的必需品。

从战国中期开始，高度发达的商周青铜文明呈衰退之象，这与漆器工艺的发展有关。人们对漆器的兴趣，高出铜器不知几倍，过去的许多铜质饮食器具大都为漆器所取代。长沙马王堆三座汉墓出土漆器有700余件之多，既有小巧的漆匕，也有直径53厘米的大盘和高58厘米的大壶。

漆器工艺并不比铜器工艺简单。据《盐铁论·散不足篇》记载，一只漆杯要花用一百个工日，一具屏风则需万人之功，说的就是漆工艺之难，所以一只漆杯的价值超过铜杯的十倍有余。漆器上既有行云流水式

的精美彩绘，也有隐隐约约的针刺锥画，更珍贵的则有金玉嵌饰，装饰华丽，造型优雅。漆器虽不如铜器那样经久耐用，但其华美轻巧中却透射出一种高雅的秀逸之气，摆脱了铜器所造成的庄重威严的环境气氛。因此，一些铜器工匠们甚至乐意模仿漆器工艺，造出许多仿漆器的铜质器具。

从秦汉到魏晋南北朝，这段时期的饮食器具继承了夏商周的成果，并且发展出一套具有时代特色的烹饪理论，这些理论对以后的中国饮食器具影响深远。因此，这一时期是中国古代饮食器具的定型期。

延伸阅读

中国烹调史上的重大发明——炒

据资料记载，现代烹调中最常见的"炒"，在南北朝时期已经产生，这是最能代表中国风格和特色的烹调方法。汉以前最重要的菜肴是羹，汉以后的菜便转向炒菜了。炒菜的发明改变了煮、炸、烤霸占烹饪领域的状况，之后无论是平民百姓日常佐餐下饭的用菜，还是贵族，甚至是宫廷菜谱上的名馐佳肴，大部分是"炒"制而成的。最初的"炒"法，是在锅中放入少量的油，然后在锅底加热后把肉、蔬菜倒入锅中，根据需要陆续加入各种调料，不断翻搅直到烹熟为止。之后在"炒"的基础上又发明了其他炒法，如清炒、熬炒、煸炒、抓炒等。在中国烹调史上，炒菜的发明是一件了不起的大事。因为中国人吃饭以粮食为主，以菜为充，以肉为宜，而菜肉齐备的炒菜正好适用了国人的饮食习俗。

唐宋时期食器

隋唐时期瓷器开始兴盛，宋代瓷业达到历史上的高峰，出现了以"钧、汝、官、哥、定"为代表的官窑和以磁州窑为代表的众多民窑。从那时起，中国餐具便逐渐由瓷器占统治地位。

隋唐是中国封建社会的强盛时期，各民族在饮食文化上进一步交流融合，菜肴品种大增，宴会上的各种菜式也极为丰富，中国的就餐形式开始由分餐制演变为多人围桌的合食形式。在食具方面，最大的特征就是瓷器的兴盛。

唐代的金银饮食器形制多种多样，装饰纹样以动物纹和植物纹为主，动物纹饰姿态多样、劲健有力，植物纹则显得多彩多姿、富丽堂皇，反映社会生活的狩猎、梳妆、乐舞等题材也大量涌现出来。

唐代食器中的秘色瓷非常有名。秘色瓷一般指越窑青瓷，是专门为皇室和贵族烧制的一种薄胎、釉层润泽如玉的瓷器精品，釉色有青绿、青灰、青黄等几种，自唐至宋，五代和北宋初年是其发展的高峰时期。最早提到秘色瓷的是唐人陆龟蒙的《秘色越器》诗，诗中有"九秋风露越窑开，夺得千峰翠色来"的句子，用"千峰翠色"来形容其釉色。1987年陕西扶风法门寺地宫出土了10余件秘色瓷器，是唐代皇帝作为供品奉献给释迦牟尼"佛骨舍利"的稀世之珍。釉色以青绿色为主，也见黄釉带小冰裂纹。釉色纯正，釉质晶莹润彻，釉层富透明感。个别器物在口沿和足底镶嵌银扣或以平托手法装

◆ 唐三彩壶

◆ 法门寺出土的唐代秘色瓷

饰鎏金的镂空花鸟团花，更显典雅华贵。

唐代的饮食器皿，比较珍贵的除了金银制品和秘色瓷外，还有玉石、玛瑙、玻璃和三彩器。有一些玻璃器可能是西域来的商品，唐人诗句中的"夜光杯"大约也包括这类玻璃器。如王翰《凉州词》："葡萄美酒夜光杯，欲饮琵琶马上催。"葡萄酒和夜光杯，作为异国情调很受唐人推崇。《太真外传》说，杨贵妃"持玻璨七宝杯，酌凉州所献葡萄酒"，说明宫中极为看重玻璃器。

从金银器、玻璃器和秘色瓷，可以看出唐代的饮食器具发生了很大变化，这对当时的饮食生活都产生过一定的影响。因此，这一时期的炊食器具都是技术与艺术的结合体，成了不同审美情趣和社会心态的表现手段。

宋代瓷业达到历史上的高峰，出现了以"钧、汝、官、哥、定"为代表的官窑和以磁州窑为代表的众多民窑，其产品的绝大部分就是碗、盘类食具，食具进入了真正的瓷器时代。瓷器逐渐成为最普遍的食具，大量生产，更远销海内外，其质量及制作工艺也日趋精美。这一时期的食器分类越来越细致，茶具、酒具已经从传统食具中独立出来，瓶类实用器逐渐发展成精致的陈设品，常见食具中以碗、盘、瓶及壶最多变化。

唐代的饮食器具体现着"海纳百川，有容乃大"的气度和开放、乐观的情调。而时刻处于辽、金、西夏威胁下的两宋文人，在报国无门的郁闷中转向了灵魂与哲学问题的思索，弥漫起超然脱俗、洁身自好的情愫。宋代官瓷食具如文人画一般，散发出清秀静雅的韵致。而民众更注重日常生计，"即使在战火中也要生存"的欲念使民用瓷食具呈现出乐观向上的格调，与官瓷风格迥异。

延伸阅读

作为赏赐的饮食器具

唐宋时期，统治者常以贵重的金银器作为赏赐，用以笼络人心。如翰林学士王源中与其兄弟们踢了一场球，文宗皇帝李昂一时兴起，一次便赐给他美酒两盘，每盘上置有十只金碗，每碗盛酒一升。

玄宗李隆基更是慷慨，他因为有人为他敲了一陈羯鼓，便赐给那人金器一整橱，又因为有人为他跳了一曲醉舞，而赐给那人金器五十物。

高宗李治想立武则天为皇后，不料宰相长孙无忌言不妥，于是"帝乃密遣使赐无忌金银宝器各一车，绫绵十车，以悦其意"（《旧唐书·长孙无忌传》）。悄悄地用这么多金银财宝送人，这不大像是赏赐，实际是行贿。皇上贿赂大臣，历史上还真不多见。

明清时期食器

明、清两代是瓷器的繁盛时期，瓷器的成型、配料、用釉、施彩、呈色、烧造等一系列技术在此时达到了前所未有的高度，这时期的食器也以瓷制品为主。

明代初期，朝廷开始在景德镇设制御窑厂，专门烧造官府用瓷，这些官用瓷器很多都是食具。为了保证御窑厂产品的数量和质量，官府还把在战乱中失散的工匠又重新集中起来，使景德镇制瓷工匠的队伍和瓷业生产规模都空前庞大起来，"工匠来八方，器成天下走"正是当时极好的写照。明代不

◆ 明代青花盘

仅官窑兴旺，民窑也有很大发展，形成了"官民竞市"的局面，这种竞争促进了瓷业的发展，将中国瓷器装饰技术推进到一个新的阶段。

清代诗人袁枚曾提出"美食不如美器"，可见古人对饮食之美的重视与追求。清初，瓷业生产有了突飞猛进的发展，制瓷技术更趋娴熟精湛，品种尤为丰富多采，高低温颜色釉"精莹纯全"，珐琅彩、粉彩精细秀雅，特别是康熙的青花、五彩、三彩风格别致，雍正墨彩朴素清逸，乾隆的青花玲珑和瓷雕等工艺瓷巧夺天工。造型精巧、装饰绚丽、瓷质莹润三者兼备，构成了康雍乾三朝瓷业的辉煌成就。

清代食具中，除了白瓷青瓷，更有多姿多彩的珐琅瓷。珐琅瓷是用进口珐琅料在皇宫造办处制成的一种极为名贵的宫廷御用瓷器，初创于康熙晚期，盛于雍正、乾隆时期，至嘉庆初期停止生产，清末民初又有仿清珐琅瓷的产品出现。珐琅瓷除康熙时有一些宜兴紫砂胎外，都是在景德镇烧制的白瓷器上绘上图案，再二次烘烧，即成为精美的珐琅彩瓷器。

珐琅瓷是清代宫廷特制的一种精美的高档艺术品，也是中国陶瓷品种中产量最少的一种。乾隆皇帝曾说："庶民弗得一窥见。"因此珐琅瓷每件都可称为独一无二的

◆ 清光绪五彩龙凤纹碗

精品。它不仅有欣赏价值，同时也具有很高的收藏价值。康熙珐琅瓷以红、黄、蓝、绿、紫、胭脂等色作地子，在花卉团中常加有"寿"字和"万寿无疆"等字，画作工整细腻，器物表面很少见白地。釉面有极细冰裂纹，极富立体感。雍正珐琅瓷制作更加完美，多是在白色素瓷上精工细绘，一改康熙时有花无鸟图案，除在器物上绘竹子、花鸟、山水外，还配以相宜诗句。乾隆珐琅瓷采用轧道工艺，在器物局部或全身色地上刻画纤细的花纹，然后再加绘各色图案，大量吸收西方油画技法，在题材上出现了《圣经》故事、天使、西洋美女等西洋画的内容，故又称为"洋彩"。

清朝的瓷器除了著称于世外的青花瓷，釉上加彩的五彩瓷也曾风行一时。用彩色装饰瓷器的做法，起源很早，到明、清两代釉上彩的配方有了重大创新，以红、黄、绿、蓝、黑、紫等多种色彩绘制出画面，色彩绚丽，这便是五彩瓷。康熙时期的五彩瓷，瑰丽多彩，品种繁多，相当珍贵。它的色彩主要为红、黄、蓝、绿、紫、黑等，以红彩为主。康熙时期的民窑五彩瓷，在装饰上受的束缚较少，所以图案题材丰富多样，运用自如，除花卉、海鹋、仕女外，还大量采用戏曲和民间故事为题材。

清朝康、雍、乾是瓷业黄金时代，制造出大量的盘、杯、碗、碟等饮食器皿精品。饮食器皿分贵贱，到了清代更是形成了一套完整的饮食器皿体系，人们以食器数量的多少、材质的优劣、工艺的高低来彰显礼仪、增添情趣。

延伸阅读

清代黄釉瓷器

清代朝廷明确规范了器用制度，黄釉的多少标志着使用者身份的高低，由全黄釉到以黄釉为地，再到黄釉作彩，及至没有黄色，等级规定非常严明，不得僭越。

全黄釉的龙纹碗盘只有皇帝、皇太后和皇后才可以使用，里白外黄釉的龙纹碗盘是皇贵妃用的，黄地素三彩花卉云龙纹碗盘为贵妃、妃子所用，黄彩云龙纹碗盘为妃嫔们所用，没有任何黄色的龙纹碗盘，供皇宫内的贵人、常在、答应使用。

中国古代炊具

炊具是食器的重要组成部分，是通过烹、煮、蒸、炒等手段将食物原料加工成可食用物品的器具。这类器物包括灶、鼎、鬲、甗、甑、釜、鬶、斝等类别。

中国食器文化源远流长，炊具一直被视为食器文化的重要内容。中国历史上最原始的炊具就是在土地上挖成的灶坑，这种灶坑在新石器时代甚为流行，并发展为后世的用土或砖垒砌成的不可移动的灶。秦汉以后，绝大多数炊具必须与灶相结合才能进行烹饪活动，灶因此成为烹饪活动的中心。

鼎

新石器时代的鼎是上古时期的主要炊具之一。到了商周时期，开始盛行青铜鼎，有圆形三足，也有方形四足。因功能的不同，又有镬鼎、升鼎等多种专称，主要是用来煮肉和调和五味。青铜鼎多在礼仪场合使用，而日常生活所用主要还是陶鼎。秦汉时期，鼎作为炊具的意义已大为减弱，演化成标示身份的随葬品。秦汉以后，鼎变为香炉，完全退出了饮食领域。

鬲

考古发掘证实，最早的鬲产生于新石器时代晚期，到了战国时期鬲就应经退出历史舞台，所以文献中关于鬲的记载很少。在青铜鬲出现之前，陶鬲一直是主要的炊器。在制作陶鬲时，一般要在黏土中加入一定比例的砂粒、蚌粉或谷壳，以便在煮食过程中能承受高温并保存热量。鬲的外形似鼎，但三足内空，目的是为了增大受热面积以更好地利用热能，它的主要用途是煮粥、制羹和烧水，同时也作为祭祀用的礼器而存在于夏商周时期。

甑

甑是一种复合炊具，只有和鬲、鼎、釜等炊具组合起来才能使用，相当于现在的蒸锅。甑就是底部有孔的深腹盆，是用来蒸饭的器皿，它的镂孔底面相当于一面箅子，把它放置在炊具上，炊具中煮水产生的蒸汽

◆ 战国错金银铜鼎 陕西咸阳

通过中空的内柱进入甑内并经由柱头的镂孔散发开来，由于上部加有严密的盖，柱头散发的蒸汽无法外泄而只能弥漫于腹内，其热量就把围绕中柱放置的食物蒸熟。

釜

釜产生于新石器时代中期，在中国古代曾写作"䰜"，实际就是圆底锅。商周时期有铜釜，秦汉以后则有铁釜，带耳的铁釜或铜釜叫"鍪"。釜单独使用时，需悬挂起来在底下烧火，大多数情况下，釜是放置在灶上使用的。"釜底抽薪"一词，表明了它作为炊具的用途。

甗

甗是中国古代的一种复合炊具，下部烧水煮汤，上部蒸干食。陶甗产生于新石器时代晚期，商周时期有青铜甗，秦汉之际有铁甗，东汉之后，甗基本消亡，所以现代汉语中没有相关的语汇。东周之前的甗无论陶还是铜，多是上下连为一体的，东周及秦汉则流行由两件单体器物扣合而成的甗。

鬶

鬶是中国古代炊具中个性最为鲜明的一种炊具，它是将鬲的上部加长并做出流，一侧再安装上把手而成。鬶只流行于新石器时代晚期的大汶口文化和山东龙山文化，其他地域罕有发现。鬶的功用与鬲相同，也是烹煮食品的器具，但因它具有尖嘴和把手，所以无需借助于勺而可以直接将煮好的食品倒入食具且不致溅溢，因而在功能上较鬲先进。

斝

陶斝产生于新石器时代晚期，当时也

◆ 用于蒸食的铜甗 江西新干

是空足炊具之一，是煮水煮粥的炊具。进入夏商周时期，陶斝变为三条实足，且多青铜制成，但已是酒具而不是炊具了。商代以后，陶斝由盛转衰以致绝迹。

延伸阅读

新石器时代

在饮食器具史上很多炊具都诞生在新石器时代。新石器时代在考古学上是石器时代的最后一个阶段，年代大约从1.8万年前开始，结束时间从距今5000多年至2000多年不等。这一名称是英国考古学家卢伯克于1865年首先提出的。一般认为新石器时代有3个基本特征：一是开始制造和使用磨制石器；二是发明了陶器；三是出现了农业和养畜业。世界各地这一时代的发展道路很不相同。有的地方在农业产生后的很长一段时期里没有陶器，因而被称为前陶新石器时代或无陶新石器时代；有的地方在1万多年以前就已出现陶器，却迟迟没有农业的痕迹，甚至磨制石器也很不发达。所以并不是3个特征齐备才能称新石器时代。

中国传统进食器

筷子在中国古代称为"箸"，发明于商代，用于夹起食物送往人口里；勺子的使用可以追溯到七千年以前，筷子使用以后，勺子和筷子配套使用。在中国人的餐桌上，一般都要摆上这两种餐具。

在中国人的日常生活中，每天都离不开筷子和勺子，这是中国传统的进食器具，在中国起源很早，与人民的物质和精神生活结下了不解之缘。

筷子

中国是筷子的发源地，筷子也是中国的国粹，它既轻巧又灵活，在世界各国餐具中独树一帜，被西方人誉为"东方的文明"。中国使用筷子的历史可追溯到商代，《史记·微子世家》中有"纣始有象箸"的记载。纣为商代末期君主，以此推算，中国至少有3000多年的用筷历史。先秦时期称筷子为"梜"，秦汉时期叫"箸"。因"箸"与"住"字谐音，而"住"有停止之意，乃不吉利之语，所以就反其意而称之为"筷"，这就是筷子名称的由来。

筷子诞生之后，历代对筷子的制作可谓费尽心思，力图在两支简单的圆柱体上展现出更多的技艺。这种首粗足细的圆柱形进食具，最早应是以木棍为之，商周时期出现青铜制品，汉代则流行竹木质筷子，至为精美。隋唐时出现了金银制作的筷子，一直沿用到明清。至宋元时期，出现了六棱、八棱形筷子，装饰也日渐奢华。宫廷用筷子更是用尽匠心，工艺考究且有题诗作画，实际成了高雅的艺术品。因此，有象牙筷子、玉筷子、金银筷子、铜筷子、木筷子之分，还有方头、圆头、多棱头之别。作为一种独特的食具，筷

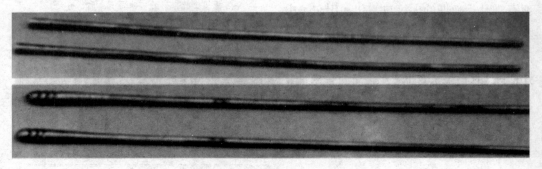

◆ 唐代银箸

子已经成为中华饮食文化的精粹之一。

千百年来，人们之所以乐意使用筷子，不仅在于它的妙用，同时也是在追求一种精神。耿直而不愿弯曲，奉献而不求回报，平等而不会独大，合作而不会争功，同甘而不会逃避，双赢而不可缺一，这就是大家对筷子精神的评价。在中国民间，筷子也被视为吉祥物，女儿出嫁时嫁妆里会放一双筷子，即快生贵子的意思。此外，筷子还是和睦相处、平等友爱、互惠互利、同甘共苦、百年好合的象征。

勺子

在古代的饮食活动中，筷子的出现并不是孤立的。在仰韶文化遗址中，还已发现了匕匙（即勺），勺子与筷子往往是一同出现并配合使用的。勺在功能上可分为两种，一种是从炊具中捞取食物盛入食具的勺，同时可兼作烹饪过程中搅拌翻炒之用，古称"匕"，类似今天的汤勺和炒勺。另一种是从餐具中舀汤入口的勺，形体较小，古称"匙"，即今天所俗称的"调羹"。

早期的餐勺往往是兼有多种用途的，专以舀汤入口的小匙的出现应是秦汉及其以后的事。考古发现最早的餐勺距今已有7000余年的历史，属新石器时代。当时的勺既有木质、骨质品，也有陶质的。夏商周时期出现铜勺，带有宽扁的柄，勺头呈尖叶状，自铭为匕，即勺头展平后形如矛头或尖刀，"匕首"之称即指似勺头的刀类。战国之后，勺头由尖锐变为圆钝，柄也趋细长，此形态一直为后代沿袭。秦汉时流行漆木勺，做工华美，并分化出汤匙。此后金、银、玉

◆ 唐代银匙

质的匕、匙类也日渐增多，餐桌上的器具随着食具的多样而更加丰富了。

第四讲 中华饮食器物

中国古代盛食器

盛食器是人们日常生活中使用最广的盛装食品的器具，也是食器的重要组成部分，包括盘、盆、碗、盂、钵、豆、敦、俎、案等类，展现了中国的悠久饮食文化。

在盛食器具中最为常见的是盘，新石器时代陶盘就已经广泛使用，此后盘一直是餐桌上不可或缺的盛食用具。盘是中国古代食具中形态最为普通、形制最为固定、年代最为久远的器皿，包括陶、铜、漆木、瓷、金银等多种质料。最为常见的食盘是圆形平底的，也有方形的。

碗也是中国饮食用具中最常见、生命力最强的器皿。碗似盘而深，形体稍小，最早产生于新石器时代早期，历久不衰且品类繁多。商周时期稍大的碗在文献中称为"盂"，既用于盛饭，也可盛水。秦以后盂的功能和名称发生变化，既可盛水，也可盛粥盛羹，形态越来越小。此外，新

◆ 战国漆豆

石器时代的陶盆也是食器，式样较多，多为圆形。秦汉以后盆的质料虽多，但造型一直比较固定，与今天所用基本无异。除了盘、碗、盆之外，在中国古代还有很多其他盛食器皿。

豆

豆在古代是用来盛放食品的器具，是一件加有高底座的浅盘。新石器时代晚期就已经产生了陶豆，除陶豆以外，还有木豆、竹豆，商周以后更盛行青铜豆。按古代字书的解释，木豆称桓，竹豆叫笾，陶豆为登。豆的长柄称为"校"，柄下的圈足称为"镫"。豆沿用至商周时期，汉代已基本消亡。

俎

俎的历史十分久远，据考古发现，夏商周时期就已经出现俎，当时既有石俎、又有青铜俎。俎既可用来放置食品，也可用来做切割肉食的砧板。当时的俎也是祭祀用的礼器，使用介于镬鼎、升鼎和豆之间，是承载、切割肉食的器具，常常"俎豆"连用。孔子说："俎豆之

◆ 汉代的漆案

事，则尝闻之矣。"即言其擅长祭祀礼制之意。

案

案和俎在形态和功用上颇为相似，秦汉之后人们便开始将这类器具成为"案"。案大致可分两种，一种案面长而足高，可称几案，既可作为家具，又可用作"食案"；另一种案面较宽，四足较矮或无足，上承盘、碗、杯、箸等器皿，专作进食之用，可称为"棜案"。

簋

簋仅存在于夏商周时期，是一种圆形带足的大碗，方形的则叫做鼎。鼎簋常连用，专指商周时期的青铜盛食器。在青铜器产生之前，此类器物是陶质或竹木质。在当时这种器具除作为日常用具外，更多地用作祭祀礼器，且多与鼎连用。如天子用九鼎八簋，诸侯七鼎六簋，卿大夫五鼎四簋，一般平民不得用，因此，鼎簋便成了人们身份地位的代称。古代官员为政不廉时，"鼎簋不饰"还婉指其生活靡费。

盒

盒产生于战国时期，流行于西汉早中期，是一种由盖、底组合成的盛器，用以装放食物，有的盒内分许多小格。自西汉至魏晋，流行于南方地区，被称为八子樏，后来发展出方形，统称为多子盒，无盖的多子盒又叫格盘，此类器具均是用来盛装点心。

敦

敦产生于春秋中期，呈圆球状或椭圆状，由上、下两个造型完全相同的三足深腹钵扣合而成，上、下均有环形三足两耳，一分为二，上体为盖，倒置后也可盛食，与器身完全相同。敦的形态是由鼎和簋相结合演变而成的。《周礼》中簋敦不分，宋代称敦为鼎，至清代始将敦单独分出。敦盛行于春秋晚期至战国后期，是专门盛黍、稷、稻、粱等粮食作物制成品的盛食具，至秦代已基本消失。

延伸阅读

贮藏食器

贮藏食具是用于藏贮食物原料与食物成品的器具，主要包括瓮、瓶、壶等。

瓶是一种小口深腹而形体修长的汲水器，新石器时代的陶瓶形式多样且大小悬殊，尤以仰韶文化的小口尖底瓶最有特色，进入青铜时代以后，金属瓶虽已出现，但数量甚少，用于汲水的瓶仍以陶质为大宗。

瓮是罐类器物的基本形态，用以存水、贮粮，当然也可贮酒。形态稍小的瓮可称为"瓿"，一般在口沿部位有穿孔以备绳索，主要用于汲水。

壶的形态介于瓶和瓮之间，是一种有颈的器物，因其形似葫芦而得名。壶可存水，也用以存贮粮，另有一部分盛酒。

第五讲

中华节日饮食

别有风味的立春食俗

中国以立春为春季的开始，立春也是一年中的第一个节气，立春的食物多以春字来命名，代表了人们对春天的向往，饮食习俗也反映了人们在这一年里的希望和美好的祝愿。

据汉代文献记载，中国很早就有"立春日食生菜……取迎新之意"的饮食习俗，而到了明清以后，又出现了所谓的"咬春"，主要是指在立春日吃萝卜。如明代刘若愚《酌中志·饮食好尚纪略》载："至次日立春之时，无贵贱皆嚼萝卜"。又如清代潘荣陛《燕京岁时记》载："打春即立春，是日富家多食春饼，妇女等多买萝卜而食之，曰'咬春'，谓可以却春困也。"除此

之外，民间在立春之日还有其他食俗。

立春吃春盘

自唐朝起，民间普遍流传着吃春盘的立春食俗。如南宋后期陈元靓所撰的《岁时广记》一书引唐代《四时宝镜》记载："立春日，都人做春饼、生菜，号'春盘'。""春盘"一词也屡见于唐代的诗词作品中，如诗人岑参在《送杨千趁岁赴汝南郡觐省便成婚》一诗中写道："汝南遥倚望，早去及春盘。"到了宋代这一习俗更加普遍，北宋词人苏轼在其诗词作品中多次提及这一习俗，如"沫乳花浮午盏，蓼茸蒿笋试春盘""愁闻塞曲吹芦管，喜见春盘得蓼芽"；南宋诗人陆游在其《伯礼立春日生日》和《立春日作》两词中分别有"正好春盘细生菜""春盘春酒年年好"这样的诗句。到了清代，潘荣陛在《帝京岁时纪胜·正月·春盘》中也有

◆ 春饼

◆ 春卷

种节庆美食。"春卷"的名称最早见于南宋吴自牧的《梦梁录》一书，该书中曾提到过"薄皮春卷"和"子母春卷"这两种春卷。到了明清时期，春卷已成为深受人们喜爱的风味食品。时至今日，春卷还是许多大酒店宴席上一道风味独特、备受欢迎的名点。

春盘、春饼、春卷作为一种传统的饮食文化，原本是立春节庆习俗的组成部分，现在这种节庆习俗已经淡化了很多，甚至于许多年轻人都已经不知道这一习俗了。现在，人们更多地用吃面条和饺子代替了吃春盘、春饼、春卷，来迎接春天的到来，所以民间广泛流传有"迎春饺子打春面"的说法。

立春吃春盘的记载。

立春吃春饼

立春这天，民间有吃春饼的习俗。传说吃了春饼和其中所包的各种蔬菜，将使农苗兴旺、六畜茁壮。有的地区认为吃了包卷芹菜、韭菜的春饼，会使人们更加勤(芹)劳，生命更加长久(韭)。晋代潘岳所撰的《关中记》记载："(唐人)于立春日做春饼，以春蒿、黄韭、蓼芽包之。"清代诗人袁枚的《随园食单》中也有春饼的记述："薄若蝉翼，大若茶盘，柔腻绝伦。"

旧时，立春日吃春饼习俗不仅普遍流行于民间，在皇宫中春饼也经常作为节庆食品颁赐给近臣。如陈元靓的《岁时广记》载："立春前一日，大内出春饼，并酒以赐近臣。盘中生菜染萝卜为之装饰，置奁中。"

立春吃春卷

春卷也是立春之日人们经常食用的一

延伸阅读

"春饼""春卷"的故事

关于春饼，民间流传着这样一个有趣的故事：相传宋朝年间，书生陈皓有一位贤慧的妻子叫阿玉，两人感情深厚，情投意合。陈皓专心致志读书，但常忘记了吃饭。这可急坏了阿玉，她左思右想，终于想出了做春饼这个办法，春饼既能当饭，又能当菜。陈皓边读书边吃春饼，餐餐吃得香，读书的劲头更足了。不久，陈皓赴京赶考，阿玉又制作春饼并用油炸，给丈夫当干粮。结果，陈皓得中状元，高兴得把妻子做的春饼干粮送给考官品尝。考官一吃，赞不绝口，顿时写诗作文，称之为"春卷"。从此，春卷名声大振，传到民间各家各户，形成家家户户都吃春卷的风俗。后来，春卷还成了地方官吏向皇帝进贡的上等礼品，被雅称为"玉饼"。

第五讲 中华节日饮食

流传世代的春节食俗

在春节各种约定俗成的文化中，最为人们津津乐道的当属"食"文化。过春节所食用的各种美味食品中都包含着一定的文化含义。

传说春节起源于原始社会末期的"腊祭"，当时每逢腊尽春来，先民便杀猪宰羊，祭祀神鬼与祖灵，祈求新的一年风调雨顺，免去灾祸。因此，春节的饮食多取吉利的用语。如春节必吃炒青菜，寓意"亲亲热热"；必吃豆芽菜，因黄豆芽形似"如意"；必食鱼头，但不能吃光，叫做"吃剩有鱼(余)"等。春节食俗，一般以吃年糕、饺子、糍粑等美食为主，还伴有众多活动，极尽天伦之乐。

春节吃年糕

年糕是中国人欢度春节的传统食品，主要用蒸熟的米粉经舂、捣等工艺再加工而成。中国制作年糕的历史源远流长，经历代而不衰，各地年糕的原料和做法各具特色，风味各异。在塞北，农家习惯将黍子磨成粉，蒸出金灿灿的黄米年糕。在江南，人们喜欢把糯米加水磨成米浆，蒸成条形或砖块

◆ 木版年画《发财还家过新年》

◆ 年糕

的水磨年糕。

关于年糕的来历，民间还有一段佳话。相传春秋战国时，吴王夫差建都苏州，终日沉湎酒色，大将伍子胥预感必有后患。所以，伍子胥在兴建苏州城墙时，以糯米制砖，埋于地下。当吴王赐剑逼其自刎前，他嘱咐亲人："吾死后，如遇饥荒，可在城下掘地三尺觅食。"伍子胥死后，吴越战火四起，城内断粮，此时又值新年来临，乡亲们想起伍子胥生前嘱咐，争而掘地三尺，果得糯米砖充饥。苏州百姓为纪念伍子胥，每逢过年，都以米粉做成形似砖头的年糕。之后，春节做年糕、吃年糕逐渐成为一种民俗，风行全国各地。

春节吃饺子

北方地区春节喜吃饺子，有"好吃不过饺子"之说。据考证，饺子是由南北朝至唐朝时期的"偃月形馄饨"和南宋时的"燥肉双下角子"发展而来的，距今已有1400多年的历史。清朝史料记载："元旦子时，盛馔同离，如食扁食，名角子，取其更岁交子之义。"又说："每届初一，无论贫富贵贱，皆以白面做饺食之，谓之煮饽饽，举国皆然，无不同也。富贵之家，暗以金银小锞藏之饽饽中，以卜顺利，家人食得者，则终岁大吉。"这说明新春佳节人们吃饺子，寓意吉利，以示辞旧迎新。千百年来，饺子作为贺岁食品，受到人们喜爱，相沿成习，流传至今。

饺子在其漫长的发展过程中，名目繁多，古时有"牢丸""扁食""饺饵""粉角"等名称。唐代称饺子为"汤中牢丸"；元代称为"时罗角儿"；明末称为"粉角"；清朝称为"扁食"。清代徐珂的《清稗类钞》中说："中有馅，或谓之粉角……而蒸食煎食皆可，以水煮之而有汤叫做水饺。"春节饺子讲究在除夕夜十二点钟包完，此刻正届子时，以取"更岁交子"之意。吃饺子其寓意团结，表示吉利和辞旧迎新。为了增加节日的气氛和乐趣，人们在饺子里包上钱，谁吃到意味着来年会发大财；在饺子里包上蜜糖，谁吃到意味着来年生活甜蜜等。

延伸阅读

饺子的传说

关于春节吃饺子有很多传说，一说是为了纪念盘古氏开天辟地，结束了混沌状态；二是取其与"浑囤"的谐音，意为"粮食满囤"。另外，民间还流传吃饺子的民俗语与女娲造人有关。女娲抟土造成人时，由于天寒地冻，黄土人的耳朵很容易冻掉，为了使耳朵能固定不掉，女娲在人的耳朵上扎一个小眼，用细线把耳朵拴住，线的另一端放在黄土人的嘴里咬着，这样才算把耳朵做好。老百姓为了纪念女娲的功绩，就包起饺子来，用面捏成人耳朵的形状，内包有馅（线），用嘴咬吃。

第五讲　中华节日饮食

75

欢乐喜庆的元宵节食俗

元宵节作为春节后的第一个节日，其食、饮大都以"团圆"为旨，象征全家团团圆圆，和睦幸福，人们也以此怀念离别的亲人，寄托了对未来生活的美好愿望，同时祝愿当年风调雨顺、五谷丰登。

相传汉文帝时期就已经将正月十五定为元宵节，及至汉武帝创建了"太初历"，进一步肯定了元宵节的重要性。元宵节的食品最初是浇上肉汁的米粥或豆粥，这些食品主要是用于祭祀，真正意义上的节日食品则是元宵。

关于元宵的来历还有一段民间传说。在春秋末期，楚昭王复国归途中经过长江，见有物浮在江面，色白而微黄，内中有红如胭脂的瓤，味道甜美。众人不知此为何物，昭王便派人去问孔子。孔子说："此浮萍果也，得之者主复兴之兆。"因为这一天正是正月十五日，以后每逢此日，昭王就命手下人用面仿制此果，并用山楂做成红色的馅煮而食之，这便是流传后世的元宵。

元宵节吃元宵

元宵是正月十五的标志性食品，由糯米粉制成，或实心，或带馅。馅有豆沙、白

◆ 欢庆元宵节

糖、山楂、各类果料等，食用时煮、煎、蒸、炸皆可。元宵的历史很为久远，南宋时就有所谓"乳糖圆子"，这应该是元宵的前身。到了明朝，人们以"元宵"来称呼这种糯米团子。刘若愚的《酌中志》记载了元宵的做法："其制法，用糯米细面，内用核桃仁、白糖、玫瑰为馅，洒水滚成，如核桃大，即江南所称汤圆也。"清朝康熙年间，御膳房特制的"八宝元宵"是闻名朝野的美味。马思远则是当时北京城内制元宵的高手，他制作的滴粉元宵远近驰名。符曾的《上元竹枝词》云："桂花香馅裹胡桃，江米如珠井水淘。见说马家滴粉好，试灯风里卖元宵。"诗中所咏的就是鼎鼎大名的"马家元宵"。

元宵节吃油锤

唐宋时，元宵节的食品有油锤。宋代《岁时杂记》中说："上元节食焦锤最盛且久。"说明油锤为宋代的汴梁(今河南开封)元宵节的节日食品。油锤的做法和形态在《太平广记》有详细的记载：油热后从银盒中取出锤子馅，用物在和好的软面中团之，将团的锤子放到锅中煮熟，用银笊捞出放到新打的井水中浸透，再将油锤子投入油锅之中，炸至沸取出。油锤吃起来"其味脆美，不可言状"。实际上，当时的油锤就类似于现在的炸元宵。

元宵节吃面灯

元宵节的另一种传统食品是面灯，也叫面盏，是用面粉做的灯盏，在正月十六落灯之日煮或蒸而食之，多流行于北方地区。面灯的形式多种多样，有的做灯盏十二只(闰年十三只)，盏内放食油点燃，或将面灯放锅中蒸，视灯盏灭后盏内余油的多寡或蒸熟后盏中留水的多少，以卜来年12个月份的水、旱情况。清乾隆年间陕西《雒南县志》载："正月十五，以荞麦面蒸盏燃灯，按十二月，以卜雨降。"表达了人们祈求风调雨顺的愿望。

由此可见，中国的元宵食俗多种多样，在不同地区饮食风俗也不尽相同。清代李行南《申江竹枝词》记载了上海过元宵节的情景："元宵锣鼓镇喧腾，荠菜香中粉饵蒸。祭得灶神同踏月，爆花正接竹枝红。"可见，在上海、江苏的一些农村，元宵节还有吃"荠菜圆"的习俗。陕西人元宵节有吃"元宵菜"的习俗，即在面汤里放各种蔬菜和水果；而在河南洛阳、灵宝一带，元宵节还有吃枣糕的食俗等。

祈祷万福的中和节食俗

中和节是传说中黄帝诞辰的日子，也是炎黄子孙共同的节日。中和节的食俗反映了广大民众对春雨的企盼，同时也反映劳动人民祈求身体健康的美好愿望。

中国民间有"二月二，龙抬头"的谚语。在北方，二月二又叫"龙抬头日"，也称"中和节"。中和节的历史也很久远，元朝时有很多关于"二月二龙抬头"的各种民俗活动记载。关于中和节的食俗，清末的《燕京岁时记》载："二月二日……今人呼为龙抬头。是日食饼者谓之龙鳞饼，食面者谓之龙须面。闺中停止针线，恐伤龙目也。"

中和节吃烙饼

中国民间在中和节之日有吃烙饼的食俗，这种食俗又被形象地称作"吃龙鳞"。烙饼一般比手掌还要大，其形态很像是一片龙鳞，很有韧性。烙饼里面还能卷很多菜，如酱肉、肘子、熏鸡、酱鸭等用刀切成细丝，再配几种家常炒菜如肉丝炒韭芽、肉丝炒菠菜、醋烹绿豆芽、素炒粉丝、摊鸡蛋等，一起卷进烙饼里，加上细葱丝和淋上香油、面酱等调料，滋味鲜香爽口。

中和节吃撑腰糕

江南水乡在农忙伊始的早春二月，历来有"二月二，吃撑腰糕"的传统习俗，且流传甚广。这种嫩黄香糯的油炸年糕片，吃下肚里，可以健身强筋、不伤腰部，撑腰糕的名字因此而来。撑腰糕一般有两种吃法：一是用隔年年糕切成薄片，放在油锅内煎得

◆ 烙饼

◆ 猪头肉

小庙，却遇上了一个喝得醉醺醺的和尚，王金斌大怒，欲斩他，哪知和尚全无惧色。王金斌很奇怪，转而向他讨食，不多时和尚献上了一盘"蒸猪头"，并为此赋诗曰："嘴长毛短浅含膘，久向山中食药苗。蒸时已将蕉叶裹，熟时兼用杏浆浇。红鲜雅称金盘汀，熟软真堪玉箸挑。若无毛根来比并，毡根自合吃藤条。"王金斌吃着蒸猪头，听着风趣别致的"猪头诗"甚是高兴，于是，封那和尚为"紫衣法师"。后来，猪头肉成为转危为安、平步青云的吉祥标志。

嫩黄，吃油煎年糕；一是用糯米粉将红糖拌和后蒸成糕，上面再撒些桂花，入口松软、香甜，美味可口。俗传："吃了撑腰糕，一年到头，筋骨强健，腰背硬朗。"

此外，撑腰糕还有一定的象征意义。如"糕"与"高"谐音，其中就有长寿的意思，反映出劳动人民祈求身体健康的美好愿望。明代蔡云曾对此俗作过生动描绘："二月二日春正晓，撑腰相劝啖花糕。支持柴米凭身健，莫惜终年筋骨牢。"还有一首《吴中竹枝词》写道："片切年糕作短条，碧油煎出嫩黄娇。年年撑得风难摆，怪道吴娘少细腰。"

中和节吃猪头肉

中和节的另一道传统食品就是猪头肉。自古以来，人们供奉祭神总要用猪、牛、羊三牲，后来简化为三牲之头，猪头即其中之一。另据宋代的《仇池笔记》记录的一个故事：北宋节度使王金斌奉宋太祖之命平定巴蜀之后，甚感饥饿，于是闯入一乡村

延伸阅读

二月二吃爆米花的传说

相传武则天做了皇帝，玉帝便下令三年内不许向人间降雨。司掌天河的玉龙不忍百姓受灾挨饿，偷偷降了一场大雨。玉帝得知后，将司掌天河的玉龙打下天宫，压在一座大山下面。山下还立了一块碑，上写道："龙王降雨犯天规，当受人间千秋罪。要想重登灵霄阁，除非金豆开花时。"人们为了拯救龙王，到处寻找开花的金豆。到了第二年二月二这一天，人们正在翻晒金黄的玉米种子时，猛然想起，这玉米就像金豆，炒开了花，不就是金豆开花吗？于是家家户户爆玉米花，并在院里设案焚香，供上"开花的金豆"，专让龙王和玉帝看见。龙王知道这是百姓在救它，就大声向玉帝喊道："金豆开花了，放我出去！"玉帝一看人间家家户户院里金豆花开放，只好传谕，召龙王回到天庭，继续给人间兴云布雨。从此以后，民间形成了习俗，每到二月二这一天，人们就爆玉米花，也有炒黄豆的。

祭奠先祖的清明节食俗

> 每到清明，春光明媚，到处是一派欣欣向荣、生机勃勃的景象。清明食俗是伴随着清明祭祖活动而展开的，这日家家要准备丰盛的食品前往本家祖坟上祭奠。

清明节在每年阳历4月5日或它的前后日，是中国传统节日之一。旧俗在清明前一天，禁火寒食。传说百姓为哀悼春秋时晋文公的忠臣介子推，忌日不忍举火，全吃冷食，不动烟火，吃冷菜、冷粥，这一天后来就叫"寒食节"，也称"禁烟节"。这一天，晋国百姓家家门上挂柳枝，人们还带上食品到介子推墓前野祭、扫墓，以表怀念之

意，此风俗一直延续至今。

清明吃青团子

青团子是江南一带百姓用来祭祀祖先必备的食品，在江南民间食俗中显得格外重要。清明吃青团的食俗可追溯到两千多年前的周朝。据《周礼》记载，当时有"仲春以木铎循火禁于国中"的法规，于是百姓熄炊，"寒食三日"。在寒食期间，即清明前

◆ 清明追思

一、二日，还特定为"寒食节"。古代寒食节的传统食品就有青团子，以供寒日节充饥，不必举火为炊。

青团子是用清明茶或艾叶和咸盐或石灰粉一起煮熟，去掉苦涩味后捣烂，配上糯米、早籼米磨成的米粉拌匀，揉和，包馅制作而成。团子的馅心用细腻的糖豆沙制成，包馅时另放入一小块糖猪油。团坯制好后，将它们入笼蒸熟，出笼时另用熟菜油均匀地用毛刷刷在团子的表面就制成了。青团子油绿如玉，糯韧绵软，清香扑鼻，吃起来甜而不腻，肥而不腴。现在，青团有的是采用青艾，有的以雀麦草汁和糯米粉捣制再以豆沙为馅而成，流传百余年，仍旧一只老面孔。人们用它扫墓祭祖，但更多的是应令尝新，青团作为祭祀的功能也日益淡化。

清明吃馓子

中国各地清明节有吃馓子的食俗。"馓子"为油炸食品，香脆精美，古时叫"寒具"。《齐民要术》记载："环饼一名寒具……以蜜水调水溲面。"此外，北宋著名文学家苏东坡还曾作《馓子》诗："纤手搓来玉色匀，碧油煎出嫩黄深。夜来春睡知轻重，压扁佳人缠臂金。"如今，清明节禁火寒食的风俗在中国大部分地区已不流行，但与这个节日有关的馓子却深受世人的喜爱。现在流行的馓子有南北方的差异：北方馓子大方洒脱，以麦面为主料。南方馓子精巧细致，多以米面为主料。在少数民族地区，馓子的品种繁多，风味各异，尤其以维吾尔族、东乡族和纳西族以及宁夏回族的馓子最为有名。

清明吃艾粄

在闽西一带流传清明时节吃艾粄的古老习俗，据说吃艾粄在北宋时就已经出现。这时候的艾草刚刚返青不久，清香鲜嫩，客家人把它做成艾粄，一是祭奠祖先，二是艾粄具有药性，可以清凉解毒，祛病强身。

艾草采来后用清水洗净，再按一定比例与糯米搅拌在一起，放在石臼中冲成细细的粉末。客家人做艾粄喜欢全家老少坐在一起，这样一来热闹，二来又增加了家庭成员之间的感情。艾粄做好以后，左邻右舍、亲朋好友之间互相赠送，这样既能消除彼此之前的隔阂，又能促进友情，这是客家人千百年的传统。

另外，中国南北各地在清明佳节还有食鸡、蛋糕、夹心饼、清明粽、馍糍、明粄、干粥等多种多样富有营养的地方风俗食品的习俗。

延伸阅读

吃馓子的传说

古代清明节前一日为民间的寒食节，要禁火三天。当年介子推曾随公子重耳一起过着流亡生活达19年之久，在重耳饿肚无食时，介子推曾割股献君，可谓忠心耿耿。重耳执政为晋文公后，在论功行赏时却忘记了介子推。介子推带母亲去了绵山隐居。晋文公一日忽然想起介子推，亲自带人去绵山寻找，见不到他，就命令放火烧山，想起出介子推母子。不料介子推守志不移，不肯会见晋文公，母子双双抱木而被烧死。晋文公十分悲痛，迁怒于火，下令介子推死前三日全国禁烟火，于是就有了寒食节。三日不动烟火，人们吃什么呢？吃馓子，它过油炸制，能够储存不变质，保持酥脆不软，当然是最理想的食品了。

祛疾择吉的端午节食俗

端午节在中国已有两千多年的历史。每年的端午节，家家户户都挂艾叶、菖蒲，并有吃粽子、饮雄黄酒的风俗，其最初的目的是为了逐疫辟邪，后来逐渐成为一种饮食文化。

每年农历五月初五，是中国传统的端午节。"端"为开始之意，一个月中的第一个五日称为"端五"。五月初五，二五相重，也称"重五"。因中国习惯把农历五月称作"午月"，所以又把端五称为"端午"。

端午节吃粽子

端午节最为典型的风俗就是吃粽子。早在春秋时期人们就用菰叶（茭白叶）包黍

◆ 包粽子

米成牛角状，称"角黍"，还用竹筒装米密封烤熟，称之为"筒粽"。东汉末年人们就开始用草木灰水浸黍米，因水中含碱，用菰叶包黍米成四角形。魏晋南北朝时，粽子被正式定为端午节食品。这时包粽子的原料除米外，还添加中药材益智仁，煮熟的粽子称"益智粽"。唐代粽子用的米"白莹如玉"，粽的形状出现锥形、菱形，品种增多，还出现杂粽。如米中掺杂禽兽肉、板栗、红枣、赤豆，裹成的粽子还用作交往的礼品。宋代吃粽子已经成为一种时尚，出现了"以艾叶浸米裹之"的"艾香粽"，还有"蜜饯粽"，甚至还出现了用粽子堆成楼台亭阁。到了元代粽子的包裹料已从菰叶变革为箬叶，突破菰叶的季节局限。明代人们开始用芦苇叶包的粽子，附加料已出现豆沙、猪肉、松子仁、枣子、胡桃，品种更加丰富多彩。清代之后的粽子更是千品百种，璀璨纷呈。

端午节吃五黄

在中国许多地方流行有端午节食"五黄"的习俗，"五黄"指雄黄酒、黄鱼、黄

◆ 粽子

瓜、咸蛋黄、黄鳝(有的地方也指黄豆)。雄黄的颜色澄红，有解毒杀虫之功，可治痛疮肿毒，虫蛇咬伤。俗信端午节时有"五毒"之说，"五毒"指蛇、蝎、蜈蚣、壁虎和蟾蜍。民间认为，饮了雄黄酒便可杀"五毒"。但是，雄黄如果和烧酒同饮，稍不留意也会引起中毒。难怪清人梁章钜在《浪迹丛谈》中说："吾乡每过端午节，家家必饮雄黄烧酒，近始知其非宜也。"

端午节吃鸡蛋

江南水乡的孩子们在端午节这天，胸前都要挂一个用网袋装着的鸡蛋。关于此俗，民间有一个传说：在很久以前，天上有个瘟神，每年端午的时候总要下界传播瘟疫害人。受害者多为孩子，轻则发烧厌食，重则卧床不起。一些做妈妈的纷纷到女娲娘娘庙烧香磕头，求她消灾降福，保佑小孩。女娲得知此事就去找瘟神说："今后凡是我的嫡亲孩儿，决不准许你伤害。"瘟神知道女娲法力无比，不敢和她作对，就问："不知娘娘有几个嫡亲孩儿在下界？"女娲一笑说："我的孩儿很多，这样吧，我在每年端午这天，命我的嫡亲孩儿在衣襟前挂上一只蛋袋，凡是有蛋袋的孩儿，都不准许你胡来。"到了这年端午，瘟神又下界，只见一个个孩子胸前都挂着一个小网袋，里面装着煮熟的鸡蛋。瘟神以为都是女娲的孩子，就不敢动手了。从此，端午吃鸡蛋之俗逐渐流传开来。

端午节吃煎堆

福建晋江地区，每逢端午节有"煎堆补天"的风俗。所谓煎堆，就是用面粉、米粉或番薯粉和其他配料调成面团，下油锅煎成一大片。端午节正逢当地梅雨季节，常常阴雨不断。传说远古时代，女娲炼石补天处，每年都有裂缝，所以才阴雨连绵，必须用煎堆补天，方能塞漏止雨。人们相信，端午吃了煎堆，节后就没有阴雨天气。这一食俗，反映了老百姓担心久雨成涝、影响夏季农作物收成的心理。

多彩浪漫的七夕节食俗

中国农历七月初七是七夕节，民间也称其为"乞巧节"，在这一天民间不仅会用不同的形式祭拜织女，各地也都形成了一套有地方特色的七夕食俗，蕴含着人们对美好生活和灵巧双手的向往，充满了趣味性和浪漫色彩。

七夕乞巧风俗起源于人们对牛郎星（天鹰座）和织女星（天琴座）的崇拜心理，而后世流传的牛郎织女的美丽爱情故事，更给这个节日增添了浪漫的神话色彩。在这一天，女性们要祭拜善良勤劳、心灵手巧的织女，并向织女乞巧，她们不仅要比赛绢织、绣花等女红手艺，还要做"巧果"。

古代七夕节食俗

乞巧活动在唐代就已经风行于民间了。唐人郑处诲撰《明皇杂录》载，当时洛阳一带，有在七夕制作"乞巧装"和"同心脍"的风俗，这些物品有预示眼明手巧和心心相印之意。宋时七夕活动变得更加丰富多彩，根据北宋孟元老著《东京梦华录》中记载，京城汴梁人家会在每年的七月七日晚在庭院里搭建彩楼，称为"乞巧楼"，并要摆设花果、酒等食品，让女性焚香列拜。南宋陈元靓编《岁时广记》记载，七夕这一天人们要制作煎饼，用其供奉牛郎织女，祭拜完毕，把这些煎饼分给全家人食用。这种食俗一直延续到了清朝，只不过在清朝又有了发展。

乞巧果子

七夕节有吃巧食的食俗。瓜果、面点等都可以当作巧食，而作为节令面食的"乞巧果子"则是最为普遍的七夕节食品。这些乞巧果子款式多样，形状不一，用米面或者麦面当主料，以油炸或者炉烤的方式制成。宋代时，街市上已出现了买卖七夕巧果的现

◆ 古代七夕节《宫宴图》

◆ 巧果

点作坊，喜欢制作一些织女形象的酥糖，民间俗称其为"巧人"或"巧酥"，出售时又称为"送巧人"，此风俗至今在中国一些地方都存在。

有些地区的七夕食俗带有明显的竞赛性质，女子们在这一天蒸巧饽饽、烙巧果子，比赛谁的做饭手艺更好。还有些地方七夕节有做巧芽汤的习俗，人们大多会在七月初一将谷物浸泡在水中，几天之后谷物发芽，七夕这天，剪芽做成汤，小孩子会特别重视吃巧芽，认为吃了这种食物会聪明伶俐、健康活泼。

象，巧果的传统做法为：首先要把白糖放在锅中熔为糖浆，然后加进面粉、芝麻等辅料，拌匀后摊在案上，晾凉之后再切成均匀的长方形，最后再折为梭形或圆形，放到锅中油炸至金黄即可。有些女子还会用一双巧手把这些色泽艳丽的饼捏成各种与七夕传说有关的花样来。此外，乞巧时所用的瓜果形态也丰富多彩：或将瓜果雕成奇花异鸟，或在瓜皮表面雕刻图案，此种瓜果称为"花瓜"。到了清代，这种风俗还在延续并有了发展。

民间各地乞巧食俗

中国历史上，各地的七夕节饮食风俗都带有浓厚的地方特色，但是一般都称其为吃巧食，其中饺子、面条、油果子、馄饨等也被很多地方当作此节日的食物。

有些地区在七夕节有吃云面的食俗，这种云面是加上露水制成的，人们相信食用它能获得灵巧的双手和智慧。有一些民间糕

延伸阅读

吴云东和闽台七夕食俗

闽台一带在七夕节这天很看重保健食俗。每年七夕之际，各家各户几乎都要买来中药使君子和石榴。七夕这天的晚餐，就用买来的使君子煮螃蟹、瘦肉、鸡蛋、猪小肠等食物，晚饭后，把买来的石榴分吃。这两种食物都有一定的驱虫功能，很受当地人欢迎。台湾七夕的晚餐，民间还有煮食红糖干饭的食俗，这对诱虫吃药也起了辅助作用。

相传这种习俗出自海峡两岸尊奉的北宋名医"保生大帝"吴云东。景佑元年夏令，闽南一带爆发了瘟疫，吴云东带着徒弟，四处救治百姓。他倡导人们在七夕这天购食使君子、石榴以驱除身上患有的虫病。七夕期间又是石榴成熟季节。所以，民众都遵嘱去做，起到了意想不到的保健作用，后来便相沿成俗，并随着闽南移民过台湾而沿袭至今。

团圆庆丰的中秋节食俗

中秋佳节，秋实累累，一年辛勤劳动都将在此时结出丰硕果实。届时家家都要置办佳肴美酒，怀着丰收的喜悦，欢度佳节，从而形成中国丰富多彩的中秋饮食风俗。

按照中国的历法，农历八月居秋季之中，而八月的三十天中，十五又居一月之中，故八月十五日称为"中秋"。据传吃月饼的风俗始于唐代的甜饼，后才形成了专门的中秋节日的糕点。因为月饼为圆形，所以富有家家团圆、欢乐之意。

中秋节吃月饼

月饼作为一种食品开始于宋代，词人苏东坡就有"小饼嚼如月，中有酥与饴"之句，诗中的"酥"与"饴"道出了月饼的主要特点。当时专门记载宋代民俗的《梦粱录》中说："市食点心，时时皆有……芙蓉饼、菊花饼、月饼、梅花饼……就门供卖。"不过，那时的月饼还没有成为中秋佳节的节令食品。月饼作为一种时令食品并与中秋赏月联系在一起，始见于南宋的《武林旧事》。自明代之后，有关中秋赏月吃月饼的记述就比较普遍了。如明人田汝成在《西湖游览志余》卷二十里说："八月十五日谓之中秋，民间以月饼相遗，取团圆之意。"说明在中秋这天吃月饼，有以圆如满月的月饼来象征月圆和团圆的意义。明人沈榜在

《宛署杂记》里说，每到中秋，百姓们都制作面饼互相赠送，大小不等，呼之为"月饼"。可见，"中秋佳节吃月饼"是中国流传几百年的传统风俗。

◆ 广式月饼

◆ 南瓜

中秋节吃田螺

中秋吃田螺也是民间的旧俗，在清咸丰年间的《顺德县志》有记："八月望日，尚芋食螺。"民间认为，中秋田螺，可以明目。据分析，螺肉营养丰富，而所含的维生素A又是眼睛视色素的重要物质。食田螺可明目，言之成理。但为什么一定要在中秋节特别热衷于食之呢。这是因为此时正是田螺空怀的时候，腹内无小螺，因此，肉质特别肥美，是食田螺的最佳时节。如今在广州民间，不少家庭在中秋期间，都有炒田螺的习惯。

中秋节饮桂花酒

在中国古代，每逢中秋之夜人们还要饮桂花酒，仰望着月中丹桂，闻着阵阵桂香，喝桂花美酒，已成为节日的一种美妙的享受。桂花不仅可供观赏，而且还有食用价值。屈原的《九歌》中便有"援骥斗兮酌桂浆""奠桂兮椒浆"的诗句。可见中国以桂花酿酒的年代已是相当久远了。

中秋节吃芋头

中秋节还有吃芋头的食俗，其寓意是为了辟邪消灾，并有表示不信邪之意。如清代乾隆癸未年的《潮州府志》曰："中秋玩月，剥芋头食之，谓之剥鬼皮"。可见在当时"剥芋头"有剥鬼而食的意思，体现了古人不畏鬼魅的气概。

中秋节吃南瓜

江南各地过中秋节，有钱人家吃月饼，穷苦人家有吃南瓜的风俗。海盐南瓜质量好，曾经是地方特产之一。农民收获南瓜后，不管是吃还是卖，总会选几个最大最好吃的老南瓜藏起来，留待八月半吃，以及送亲友过中秋节之用。吃和送自己种植的又红又圆又甜的老南瓜，是老百姓对红红火火、团团圆圆和甜甜蜜蜜的生活向往。时至现在，海盐南北湖及其周边地区的人家，八月半吃老南瓜的习俗仍部分保留着。

延伸阅读

八月十五吃南瓜的风俗

传说很久以前，南山脚住着一户穷苦人家，双亲年老，膝下只有一女，名叫黄花。她美丽、聪明、善良、勤劳，那时连年灾荒，黄花的父母年老多病，加上缺衣少食，于是卧床不起。有一天，正值那年的八月十五，黄花在南山杂草丛中，发现两只扁圆形野瓜。她采了回来，煮给父母吃。两老吃了食欲大增，病体也好了。于是黄花姑娘就把瓜子种在地里，第二年果然生根发芽，长出许多圆圆的瓜来，因为这是从南山采的，就叫"南瓜"。从此，每年八月十五那一天，江南家家户户流传着八月半吃老南瓜、烧糯米饭的风俗。

期盼长寿的重阳节食俗

重阳节历史悠久、年代久远，尽管各地有不同的过节食俗，但其核心文化价值始终是寓意平安和谐，生命长久和健康长寿，从古至今从未改变。

重阳节也叫"重九节"，因为正值农历九月九日，二九相重，日月并应。古时，人们把"九"作为阳数之极，所以也称"重阳节"。

重阳节饮菊花酒

古时九月九日这天，人们采下初开的菊花和一点青翠的枝叶，掺和在准备酿酒的粮食中，然后一齐用来酿酒，放至第二年九月九日饮用。菊花酒在古代被看作重阳必饮、祛灾祈福的"吉祥酒"。

菊花酒早在汉代就已经出现，据西汉学者刘歆《西京杂记》载："菊花舒时，并采茎叶，杂黍为酿之，至来年九月九日始熟，就饮焉，故谓之菊花酒"。到了明清时代菊花酒仍然在民间盛行，人们又在菊花酒中加入很多种草药。明代高濂在《遵生八笺》中记载，菊花酒已经成为当时盛行的健身饮料，具有较高的药用价值，传说喝了菊花酒可以延年益寿。从医学角度看，菊花酒可以明目、治头昏、降血压，有减肥、轻身、补肝气、安肠胃、利血之妙。

重阳节吃重阳糕

重阳糕也叫"花糕"或"重阳花糕"，是重阳节的节日糕点。重阳糕的制作方式和食用习俗因地而异，关于它的源起和民俗文化的寓意也有多种说法。一般认为重阳糕源起重阳节登高的习俗。据南朝梁吴均《续齐谐记》载，汉代时一个叫桓景的人师从费长房学仙，有一天费长房告诉桓景：九月九日有大灾降临你家，可教家人缝制布囊，内盛茱萸，系之臂上，届时登山饮菊花酒，灾祸可消。桓景依言行事，果然无恙。后人仿效，遂形成九月初九登高山、饮菊酒、插茱萸等一整套重阳节俗。

◆ 蛋煎糍粑

约自宋代起，重阳节食"重阳糕"的习俗正式出现，南宋吴自牧在《梦粱录》中记载了临安(杭州)的重九之俗："此日都人店肆以糖面蒸糕……插小彩旗，名重阳糕。"之后明人刘侗、于奕正在《帝京景物略》中记载了北京的重九之俗："糕肆标纸彩旗，曰花糕旗。"这种插小旗于花糕上的传统，迄今仍然风行。这是由于一般市民因受地理条件和物产资源的限制，欲登高避祸或采集茱萸多有不便，所以才用食糕代替登高(糕)、以插纸旗代替插茱萸。

重阳节吃糍粑

吃糍粑是中国西南地区重阳佳节的又一食俗，糍粑分为软甜、硬咸两种。糍粑的做法是：将洗净的糯米下到开水锅里，一沸即捞，上笼蒸熟，再放臼里捣烂，揉搓成团即可。食用时，把芝麻炒熟，捣成细末，把糍粑团搓成条，揪成小块，拌上芝麻、白糖等。其味香甜适口，称为"软糍粑"（温食最佳）。硬糍粑又称"油糍粑"，做法是：糯米蒸熟后不捣烂，放在案上搓成团，擀开后放些食盐和花椒粉做成"馅芯"，再卷条切片，再入油锅中炸制，成色金黄美观，咸麻香脆，回味无穷。

重阳节吃柿子

在中国古代重阳节还有吃柿子的习俗。传说有一年，明太祖朱元璋微服出城私访，这一天正值重阳节。他已经一天未食，感到饥饿口渴。当他行至剩柴村时，只见家家墙倒树洞，均为兵火所烧。朱元璋暗自悲叹，举目环视，唯有东北隅有一树柿子正熟，于是采摘吃了，大约吃了10枚便饱腹，又惆怅久之而去。之后，明太祖攻采石(今安徽马鞍山市采石矶)，取太平(今安徽太平

◆ 重阳食蟹

县)，道经于此，柿树犹存，便将以前微服私访在此食柿的事告于侍臣，并下旨："封柿为凌霜侯，令天下人在重阳节均食柿子，以示纪念。"

延伸阅读

食蟹趣谈

重阳佳节正值九月，秋菊飘香，螃蟹膏黄味美，肉质细嫩，正是食蟹的大好季节。古人有诗云："不到庐山辜负目，不食螃蟹辜负腹。"宋代诗人梅尧臣有诗赞蟹："樽前已夺螃蟹味，当日莼羹枉对人。"所以时至今日，阳澄湖的清蒸大闸蟹仍旧闻名中外，在港澳台各家大餐馆里，均被列为九月时令佳肴，极享盛誉。难怪著名学者章太炎和其夫人曾卜居吴中，啖蟹之余，夫人汤国梨女士曾吟诗曰："不是阳澄湖蟹好，人生何必住苏州。"古往今来，许多文人墨客啖蟹、品蟹、画蟹，为后人留下许多轶闻雅事，为人们啖蟹平添几分韵味。

隆重温暖的冬至食俗

古代有"冬至大如年"之说，表明古人对冬至十分重视。正因如此，冬至的饮食文化也是丰富多彩的，诸如馄饨、饺子、汤圆、冬至盘、赤豆粥、黍米糕等不下数十种。

冬至是一个非常重要的节气，也是中华民族的一个传统节日。冬至俗称"冬节""长至节""亚岁"等。从古至今中国都有庆贺冬至的习俗，各地在冬至也有不同的饮食风俗。

冬至吃饺子

在中国北方大部分地区，每到农历冬至这一天，不论贫富都有吃饺子的习俗。民谚有："十月一，冬至到，家家户户吃水饺。"冬至吃饺子是不忘"医圣"张仲景"祛寒娇耳汤"之恩，至今张仲景南阳仍有"冬至不端饺子碗，冻掉耳朵没人管"的民谣。据清人潘荣陛著《燕京岁时记》载："冬至馄饨夏至面"。冬至这天，京师人家多食馄饨。南宋时，当时临安(今杭州)也有每逢冬至这一天吃馄饨的风俗。宋朝人周密说，临安人在冬至吃馄饨是为了祭祀祖先。到了南宋，中国开始盛行冬至食馄饨祭祖的风俗。

冬至吃汤圆

中国冬至有吃汤圆的传统习俗，在江南一带尤为盛行，当地有"吃了汤圆大一

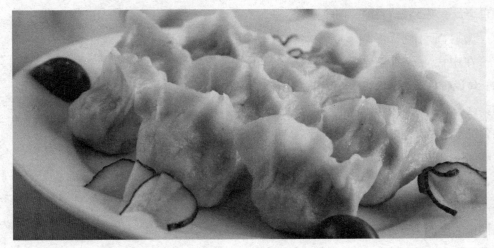

◆ 饺子

◆ 九九消寒图

冬至吃年糕

从古至今，中国人在冬至之日还有喜吃年糕的习俗，还要做三种不同风味的年糕，早上吃的是芝麻粉拌白糖的年糕，中午是油墩儿菜、冬笋丝、肉丝炒年糕，晚餐是雪里蕻、肉丝、笋丝汤年糕。

冬至吃赤豆糯米饭

在江南一带，民间还有冬至之夜全家欢聚一堂共吃赤豆糯米饭的习俗。关于它的由来，还有一段有趣的传闻。相传，有一位叫共工氏的人，他的儿子不成才，作恶多端，死于冬至这一天，死后变成疫鬼，继续残害百姓。但是，这个疫鬼最怕赤豆，于是人们就在冬至这一天煮吃赤豆饭，用以驱避疫鬼，防灾祛病。

岁"之说。汤圆也称"汤团"，冬至吃汤团又叫"冬至团"。清朝文献记载，江南人用糯米粉做成面团，里面包上精肉、苹果、豆沙、萝卜丝等。冬至团可以用来祭祖，也可用于互赠亲朋。

旧时上海人最讲究吃汤团，他们在家宴上尝新酿的甜白酒、花糕和糯米粉圆子，然后用肉块垒于盘中祭祖。一古人有诗云："家家捣米做汤圆，知是明朝冬至天。"汤圆也是中国传统的美味食品。南北各地还有不少汤圆的名品，如宁波汤圆馅多皮薄，糯而不粘；长沙姐妹汤圆洁白晶莹，香甜可口；温州县前汤圆用料考究，甜美味香，都是驰名的美味食品。此外，台湾的菜肉汤圆、成都的赖汤圆、贵阳的八宝汤圆、安庆的韦家巷汤圆，也是风味独特的美味食品。如今不仅冬至吃，一年四季都能吃到汤圆。

延伸阅读

年糕的传说

关于年糕的来历，有一个很古老的传说。在远古时期有一种怪兽被称为"年"，一年四季都生活在深山老林里，饿了就捕捉其他兽类充饥。到了严冬季节，兽类大多都躲藏起来休眠了。"年"饿得不得已时，就下山伤害百姓，攫夺人充当食物，使百姓不堪其苦。后来有个聪明的部落称"高氏族"，每到严冬，预计怪兽快要下山觅食年糕时，事先用粮食做了大量食物，年糕搓成一条条，撤成一块块地放在门外，人们躲在家里。"年"来到后找不到人吃，饥不择食，便用人们制作的粮食条块充腹，吃饱后再回到山上去。人们看怪兽走了，都纷纷走出家门相互祝贺，庆幸躲过了"年"的一关，平平安安，又为春耕作准备了。于就把"年"与"高"联在一起，称作为年糕（谐音）了。

蕴含慈悲之心的腊八节食俗

农历十二月初八，古代称为"腊日"，俗称"腊八节"。在这一天，中国自古以来就有吃腊八粥的习惯，这种习惯不仅历史悠久，也逐渐在各地方形成了丰富多彩的腊八食俗。

先秦时，人们就有在腊八这天祭祀祖先和神灵，祈求来年五谷丰登和吉祥如意的习俗。相传，佛教创始人释迦摩尼也是在这一天修道成佛，因此腊八也是佛教徒的重大节日，称为"佛成道节。"

古代的腊八食俗

腊八粥原本是佛教徒在腊八这天食

◆ 释迦摩尼像

用，在唐代就出现了吃腊八粥的食俗。唐宋以后，在腊八这天，寺院里要准备腊八粥，民间也纷纷开始效仿。宋代孟元老在《东京梦华录》中记载："诸大寺作浴佛会，并送七宝五味粥，谓之腊八粥。"北宋著名文学家苏轼也有"今朝佛粥更相馈"的诗句。到了元、明两代，宫廷之中也出现了做腊八粥的食俗。元代孙国敉在《燕都游览志》中记载："十二月八日赐百官粥，民间亦作腊八粥"。《明宫史》中还有"初八日，吃腊八粥"的描写。到了清代，腊八吃粥的食俗更是得到了宫廷的重视，雍正皇帝曾经将北京安定门内国子监以东的府邸改为雍和宫，每逢腊八日，在宫内万福阁等处，用锅煮腊八粥并请来喇嘛僧人诵经，然后将粥分给各王宫大臣，供其品尝食用以度节日。可见，腊八节食用腊八粥的食俗在中国已经有着悠久的历史了。

腊八粥的做法

最初的腊八粥用红小豆来熬制，后经过演变加上了很多特色，形成了具有地域特色的腊八食俗。南宋周密撰《武林旧事》中说："用胡桃、松子、乳覃、柿、栗之类作粥，谓之腊八粥。"清人富察敦崇在《燕京岁时记》里称"腊八粥者，用黄米、白米、江米、小米、菱角米、栗子、去皮枣泥等，和水煮熟，外用染红桃仁、杏仁、瓜子、花生、榛穰、松子及白糖、红糖、琐琐葡萄以作点染"，颇有京城特色。

人们往往在腊月初七的晚上就开始为煮粥忙碌了，洗米、泡料、剥皮、挑选，然后在半夜之时开始煮，用微火炖，一直要炖到第二天清晨，腊八粥才算熬好。腊八粥熬好之后，首先要祭祀祖先，之后还要赠送亲朋好友。旧时习俗，腊八粥一定要在中午之前送出去，最后剩下的才可以全家人共同食用。如果出现了剩下的腊八粥，吃了几天都吃不完的情况，人们就会认为这是个好兆头，有"年年有余"的吉祥寓意。如果有人家把粥送给贫穷人家，那更是一件为自己积德的大好事。如果院子里种着花卉和果树，人们就会在树干上涂抹一些腊八粥，希望来年多结果实。

在中国北方一些不产或少产大米的地方，人们不吃腊八粥，而是吃腊八面。前一天要用各种果、蔬做成臊子，把面条擀好，到腊月初八早晨全家吃腊八面。

泡制腊八蒜

腊八节泡腊八蒜，这个食俗在华北地区尤为盛行。在腊八这天，人们会准备好醋和大蒜瓣儿，将剥了皮的蒜瓣儿放到一个可以密封的罐子或者瓶子之类的容器里面，然后倒入醋，封上口放到一个冷的地方。慢慢地，泡在醋中的蒜就会变绿，最后会变得通

◆ 腊八粥原料

体碧绿，如同翡翠碧玉。

清代营养学家曹燕山曾经在《粥谱》中详细描述了腊八粥的保健营养功效，他认为腊八粥可以调理饮食，易于被人体吸收，是"食疗"中的佳品，有养心、补脾、和胃、清肺、益肾、通便、利肝、安神、消渴、明目的效果。这些结论都已经被现代科学所证实。

延伸阅读

腊八粥的由来

腊八粥的由来，民间说法不一，其中流传最广的是有关纪念释迦牟尼成佛的故事。传说释迦牟尼出家后，在深山之中苦度了六年。又根据《因果经》记载，释迦牟尼因六年苦行，无暇顾及个人衣食，每天只吃一些麻麦，常年不得温饱。他疲惫不堪地走下迦嘟山，坐在尼连河畔。村中一牧牛女子用钵盂煮牛奶给释迦牟尼吃，释迦牟尼很快恢复了健康。佛教兴盛以后，为了纪念这件事，就规定这个日子为古印度人民"斋僧"和救济穷人而施舍饮食的日子。东汉佛教传入中国以后，腊月初八施舍这件事逐渐变成了熬煮"腊八粥"的习俗。中国一些佛教寺庙里用熬煮"腊八粥"的方式，来纪念尼连河畔牧牛女子救济释迦牟尼的故事。

祈福盼吉祥的祭灶节食俗

灶王爷又称"灶神""灶王"等，是中国古代民间信仰和崇拜的灶神和饮食之神，传说农历腊月二十三这天是灶王爷上天言事的时间，民间在这一天有祭灶、吃灶糖和灶饼的风俗。

旧时，每家灶间都设有"灶王爷"的神位，祭灶习俗在中国也有着极深的影响。传说这位灶神是玉皇大帝封的"九天东厨司命灶王府君"，专门负责管理各家的灶火，被作为一家的保护神而受到崇拜。腊月二十三这天，在民间又被称为"小年"。旧时，每家在这天都要举行祭灶仪式，人们会在灶君神像前供上关东糖、清水和秣草，送灶君爷"上天"。传说在腊月二十三这一天，灶神要回天宫汇报人间的情况，到正月初一才回到人间。为了让灶神"上天言好事，下界保平安"，所以人们要为其送行。

历代祭灶食品的发展

祭灶的风俗在中国有着很悠久的历史，《礼记·月令》云："祀灶之礼，设主于灶径。灶径即灶边承器之物，以土为之者。"那时祭灶礼就被列为五祀之一了。《战国策·赵策》云："复涤侦谓卫君日：臣尝梦见灶君"。可见两千多年前就已出现了祭灶习俗。

祭灶的食品，历代都有所变化。汉魏时期，祭灶多用黄羊，南北朝时期多用"豚酒"。到了宋代，人们开始使用米饵、鱼、猪头等食品。明清时代祭灶的食品由最初的荤食转变为了素食，民间开始盛行用一种叫做"灶糖"的食品祭灶。"灶糖"其实就是被人们所熟知的麦芽糖，人们想利用麦芽糖的粘性封住灶王爷的嘴巴，叫他有口难开，不能开口讲人间坏话，免生是非。

◆ 灶王爷和灶王奶奶

◆ 糖瓜儿

祭灶的饮食选择

祭灶时使用的供品，不需要用鸡鸭鱼肉、干鲜果品之类，更不需用牛羊三牲，只要用一些麦芽糖制成的糖块即可，民间俗称这种食物为"糖瓜"。晋北地区习惯用饧，是麻糖的初级品，非常粘，现在统称"麻糖"。当地民间流传有"二十三，吃饧饭"的谚语。稍微讲究一点的人家，在供上糖瓜之余还会再供上一碗用糯米蒸熟的莲子八宝饭。除此以外，一些地方还有给灶王爷骑的神马供以香糟炒豆和清水的食俗。供品中还要摆上几颗鸡蛋，是给狐狸、黄鼠狼之类的零食。据说它们都是灶君的部下，不能不打点一下。祭灶时上香、送酒，还要为灶君坐骑撒马料，从灶台前一直撒到厨房门外。这些仪程完了以后，就要将灶君神像拿下来烧掉，等到除夕时再设新神像。

在祭灶节这天，一些地区民间也讲究吃饺子，取意"送行饺子迎风面"。有些地方也有用"灶饼"祭灶的食俗，这种饼是由米发酵之后的精白面加上适量的碱做好的，里面包有柿饼、红糖、枣、大葱、丁香等配料，包好后擀成饼，放入柴灶里烙熟食用。家中的每个人都要吃一个饼，如果家人外出，返回时则一定要补吃，人们认为吃了这个饼会保佑人们来年不挨饿。晋东南地区流行吃炒玉米的习俗，民谣有"二十三，不吃炒，大年初一一锅倒"的说法，这些地区的人们喜欢把炒玉米用麦芽糖粘起来，然后再冰冻成大块，吃起来酥脆香甜。

延伸阅读

老北京风俗民谣

旧时北京流传着一首民谣，用饮食习惯串起了春节前的各项准备活动，歌谣中说："老婆老婆你别馋，过了腊八就是年；腊八粥过几天，滴滴拉拉二十三；二十三糖瓜粘，二十四扫房日，二十五做豆腐，二十六去割肉，二十七宰年鸡，二十八把面发，二十九蒸馒头，三十晚上闹一宿，大年初一去拜年。"可见，腊月二十三这天是要吃糖瓜的。老北京人过年，一般从"腊八"开始，一直延续到元宵节后。

第五讲 中华节日饮食

95

第六讲

中华礼仪食俗

传情达意的订婚食俗

中国民间婚俗，男女正式订婚之日，男方必备聘礼。食物在聘礼中也占据了重要的地位，这些食物除了具有一般食物共有的食用价值之外，还都结合婚嫁的主题，含有某种吉祥寓意。

中国古代男女双方合婚之后，如果觉得可以缔结婚姻关系，媒人就会选定一个好日子，带着男方去下聘礼。下聘礼也就是"六礼"中的纳征，这个仪式还可以被称为"过大礼""大聘""完聘"。在聘礼中包含了很多食礼和食俗。

以茶为聘礼

在中国，以茶为聘礼有着悠久的历史了，明代郎瑛在《七修类稿》中引《茶疏》说："茶不移本，植必子生。古人结婚，必以茶为礼，取其不移植子之意也。"清末苏州民歌《拣茶叶女》中唱道："茶叶如何可定亲，只缘茶树忌移根。阿奴尚未将受茶，

◆ 福建省安溪县茶田

可有郎来议结亲。"通过这些我们可以看出，人们认为茶树只能从种子萌芽成株而不能移植，所以就赋予其坚定的寓意，预示了女子一旦接受聘礼就应该像茶树一样坚定不移。同时，茶树也是常绿树，以茶行聘，不仅象征着爱情的坚贞不移，而且意喻爱情的永世常青。

在中国很多地区的婚俗中，都会把茶叶当作其中必不可少的一种聘礼。拉祜族还有句民谚："没有茶叶就不能算结婚。"在湘黔一带，男方向女方求婚叫"讨茶"，女方受聘叫"吃茶"或"受茶"，有的地方把聘礼叫"茶礼"。如某家女子已许于人时，则以"已受过人家的茶礼"来说明已订婚约。可见茶是民间婚姻聘礼中的主要礼品。

以鸡鹅为聘礼

古时，鸡、鹅是聘礼中的重要物品。聘礼用鸡、鹅，是与古代聘礼"纳吉"携雁到女家去确定婚约有关。《仪礼·士昏礼》记载"昏礼下达，纳采用雁"，据说这是周公当年定下的规矩。清人秦蕙田撰《五礼通考》中说："其纳采、问名、纳吉、请期、

◆ 喜礼

亲迎，皆用白雁、白羊各一头。"关于聘礼用雁的取义，《白虎通·嫁娶》中说："用雁者，取其随时而南北，不失其节，明不夺女子之时也。又取飞成行，止成列也，明嫁娶之礼，长幼有序，不相逾越也。"

关于古礼里用雁，主要有这么几层含义：雁是随时令变化而迁徙的候鸟，顺乎阴阳往来并且遵时守信，这正符合丈夫对妻子的要求。同时雁总是雌雄阴阳成双成对地在一起，一生之中只配偶一次，夫妻双方不离不弃，用它取白头到老、忠贞不渝的寓意。又按"不违民时"的儒家思想中的仁政原则，因性欲是生理上的冲动，到了青春期，则要男婚女嫁，倘若婚姻失时，性欲问题不能调节，则难免流于淫乱。只是后来，雁越来越难得，后世常常以鸡、鸭、鹅三禽代替雁。周代以前是按照等级分制用禽纳采，"卿执羊，大夫执雁，士执雉"。如今在河北、辽宁、安徽、江苏等地民间，仍以鸡、鹅作聘礼。

老北京放大定时的食礼

迎娶的日子决定之后，紧接着就是"放大定"，通常都在迎娶前两个月或一百天举行。放大定的主要内容之一就是男家通知女家迎娶的吉期，故又谓之通信过礼。

在老北京，"放大定"所送礼物分为四种：一是衣料首饰类，包括衣料或者已经裁制好的衣服以及各种首饰。二是酒肉食品类，有双鹅、双坛子酒、羊腿、肘子以及各种蒸食，但是女方家里只能收一只鹅、一坛子酒，出于礼貌，剩下的要送回男方家。三是面食类，有龙凤饼、水晶糕以及各种各样的喜点。四是干鲜果品类，包括四干果、四鲜果。四鲜果中有苹果，寓意平平安安，禁止用梨，因为"离"和"梨"谐音，要避免夫妻"分离"。四干果包括红枣、花生、桂圆、栗子、取"枣（早）生桂（贵）子"之意。

从上述订婚聘礼食俗中不难看出，中国人把对婚姻的重视都凝聚在了这些富有祝福和吉祥意义的食物中了。当食品被人们赋予了更多的文化内涵和民俗习惯，饮食文化才真正与其他文化产生交融。

延伸阅读

少数民族订婚食俗

鄂尔多斯地区的蒙古族人订婚，女方收下订婚礼之后，男方还要向女方送三次酒，如果女方将三次酒全收下，婚事便确定了。在哈尼族订婚习俗中，糯米饭和熟鸡蛋是必不可少的聘礼。纳西族订婚聘礼中少不了盐和糖，他们认为糖代表"山盟"，盐代表"海誓"，有了盐、糖，从此情深意笃，绝无反悔。白族订婚时的聘礼被称作"鸡酒礼"，是由一瓶酒和一只公鸡组成的。侗族订婚所送的聘礼除了酒、猪肉之外，还要有酸鱼一条、糍粑二三团。

祝福新娘的出阁食俗

出阁是民间俗语，即指姑娘出嫁。新娘出嫁时人们经常会利用各种食品，表达对其新婚的美好祝愿，因此，中国民间就形成了丰富多彩的出阁饮食风俗。

在男女双方商定结婚的日期后，男方开始布置新房，女方则筹备、整理嫁妆。嫁妆物品中也包括食品，食品的食用价值已经不是最主要的了，更重要的是其蕴含的祝福意义。

江南地区小夜饭食俗

在江南一些地方，婚礼当日就有给新娘准备"小夜饭"的出阁食俗。闹新房的客人散去以后，新娘就会打开从家里带来的饭食用。饭上一般会放一些蔬菜、腌菜，也可放红枣、莲子等甜食。这是出于娘家人对新娘子的疼爱，他们害怕新娘子刚来到婆家认生，不好意思向婆婆开口要饭吃。

祈孕求子的出阁食俗

中国传统婚姻观念里，结婚的目的之一是生儿育女和传宗接代，各地的婚嫁活动大多包含有"早生子、多生子"的意义，嫁妆中的食品大多包含了这种意思。人们经常在嫁妆

食品中选用瓜子、豆子、栗子等名称中带有"子"字的食品，多有祝新人生儿子之意。岭南地区嫁妆中少不了要放几枚石榴，石榴多籽，用石榴取其"多子多孙"之义。

自古以来，鸡蛋就是嫁妆中很常见的一种食品。在江浙一带，嫁妆中有一种名叫"子孙桶"的器具，在桶中放一枚喜蛋、一包喜果，送到男方家后由主婚太太将里面这些东西取出，当地人称这种举动为"送子"。鸡蛋能孕育出小鸡，对子嗣的渴望使

◆ 石榴

◆ 喜蛋

得民间习俗认为吃了鸡蛋就能早得贵子。

出阁饿嫁食俗

女子出阁，一些地区还有着饿嫁的食俗。在贵阳西北部的苗族，姑娘在出嫁之前吃完"离娘饭"以后，要禁食整整一昼夜，直到婚后第二天早晨才能吃饭。在凉山的彝族人民，出嫁前五日新娘就开始断食，饥饿时也只能吃少量的糖果，有的新娘到出嫁时已经饿得头昏眼花了。清代有一首诗说道："翠绕珠围楚楚腰，伴娘扶腋不胜娇。新人底事容消瘦，问道停餐已数朝。"就是对这种饿嫁习俗的形象描绘。

出阁前的别亲饭

旧时浙江一些地方，新娘上轿前女家要事先准备好十二个红鸡蛋，鱼、肉、糖、盐、炭、鸡肉各两包，还有米三升三合，并且要将这些东西从她上身裤腰里一一放下去，由裤脚拿出来，喜娘在一旁念念有词："将来生儿生女如鸡下蛋快。"新娘吃过"辞母饭"，还要在嘴里留一颗肉圆子，不能吞下，直到花轿抬到男家时才能吃下。

在汉族的一些地方，姑娘出嫁前有吃"别亲饭""辞家宴"的出阁食俗。在中国红水河和柳江沿岸一些地方，新娘上轿前要坐在堂屋中间，背朝香火，由一个父母和儿女双全的人把夫家送来的一碗饭端在手上，司仪高颂："一碗米饭白莲莲，糖在上面肉在间。女家吃了男家饭，代代儿孙中状元。"周围的人会应声答道："好的！有的！"端碗的人轻轻把碗里的一根葱、一只鸡腿、一块红糖拨过一边，给她扒三口饭，她吃三口吐三口(弟妹用裙子接)，接着又把一把筷子递给她，她从自己肩上递给后面小辈，自己却不得朝后看，表示永不后顾。

第六讲 中华礼仪食俗

举家同庆的婚礼食俗

婚礼是人生大事，为了婚姻缔结的圆满，男女双方都对婚礼精心准备，饮食在其中扮演了极其重要的角色。婚礼中举办婚宴、闹洞房、合卺等重要婚俗都需要饮食来参与，因此形成了五花八门的婚礼食俗。

自古以来，在婚礼之上就少不了亲朋好友们前来贺喜，因此举办婚礼之家还要设宴款待众宾客。与此同时，在闹洞房之时，为了增加婚礼的喜庆程度，众人也都会利用食品为道具，把婚礼气氛推向高潮。

婚宴食俗

婚宴在民间又被称为"喜宴""吃喜酒"，为表达对来访贺喜之人的感谢而设置，热闹隆重而又讲究颇多。在古代，婚礼之时办酒席宴请众人是男女正式成婚的一种

◆ 五谷

权威证明。即便到了现代，这种观念依然根深蒂固地存在于一些人的观念中。

婚宴一般在新郎、新娘拜堂仪式完毕后举行。如果前来贺喜的宾客较多，则要分两天举办。民间婚宴有着讲究和繁琐的礼俗，婚宴进行之时，遵循长幼有序的传统思想，首先要由一名专门人员负责引领贺喜宾客按照秩序落座。除了个别地区的婚宴是围地而坐、席地而食不太讲究席位外，中国大多数地区的婚宴十分重视席位主次的安排。

各地关于婚宴席位的坐法都不尽相同，如鄂东一带，按照当地的房屋结构，婚宴一般都要在堂屋内举行，由于场地的限制，每次只能开四席，四席开完，接着再开，当地称"流水席"。同开的四桌筵席，有主次席面之分。一席一般为新郎的舅舅、媒人以及族中德高望重者。二席一般为姑父、姑妈、姨父、姨妈等父母辈亲戚。三席、四席为新郎辈

亲戚和一般宾客。八仙桌的四方八位，也有主次席位之分。以首席为例，中堂的右边席位上是新郎的舅舅，左边席位上是媒人，其他席位根据来客的主次，依次排定。

在民间婚宴上，有的菜不是在婚宴上吃的，给赴宴宾客带回家吃，这类菜叫"分菜"。分菜一般是炸制的无汁菜，常做成块状或圆子便于分装携带。婚宴不仅以上菜的多少来显示规格的高低，还特别讲究酒席菜谱的编排和菜名蕴含的吉祥祝福寓意。俗谓"双喜、四全、婚扣八"，即讲究菜肴要成双成对，逢四扣八，以包含"待要发，不离八"的民俗意识。民间风俗还认为，喜桌越多越能显示主家人缘好，得到邻里的祝福越多越有威望。

婚宴结束后离开席位也讲究秩序，在湖北安陆一带，主桌未散席，其他桌的客人不能随便离席，吃完了也得奉陪，直到主桌散席方可离席。在主桌中，第一席上的人不起身，同桌其他客人也决不可随意离席。

洞房食俗

婚宴结束之后，新郎、新娘进入洞房，之后就是一系列热闹的活动，饮食是人们洞房文化中不可或缺的。在中国一些地方，新人入洞房时有"撒喜果"的婚俗，有的地方也叫"撒帐礼""撒五子"。这种习俗起源于汉代，到了宋代撒豆谷已成为了流行于民间和上流贵族社会的一种风俗。宋代吴自牧在《梦梁录》的《嫁娶篇》中说道："迎至男家门首，时辰将正，乐官伎女及茶酒等人，互念诗词拦门，求利市钱红。克择官执花斗，盛放五谷、豆、钱、彩果，望门

◆ 喜宴

而撒，小儿争拾之，谓之'撒豆谷'，以压青阳煞耳。方请新人下车。"撒帐之时，新郎、新娘坐在床沿上，由一位父母和子女健在，有一定财富及社会地位的"全福人"手捧果盘，将盘中各种干果向帐内抛撒，边撒边呼彩语。

延伸阅读

民间夫妻共吃团圆饭食俗

在中国东南沿海一些地区，新人进入洞房还要举行"食圆礼"。洞房中央摆一张桌子，新婚夫妇相对坐在桌子两边，这时全福人还要端上两碗水磨糯米汤圆，让两人先吃自己碗里的，然后接着吃对方的，一个个交替着吃，或由全福人夹到新郎、新娘嘴里吃。"食圆"象征夫妇幸福团圆。鄂伦春族、达斡尔族团圆饭吃的是被称为"老考太"的黏粥，新郎新娘共用一双筷子、一个碗吃"老考太"，寓意同甘共苦、白头偕老。蒙古族则新郎新娘共吃坚韧的羊颈骨或羊膝骨，表示新婚夫妇会甘苦同尝，忠贞不渝，永远相爱。

款待新婚的回门食俗

回门是新婚之后夫妇第一次回娘家的习俗，回门礼不仅有着很悠久的历史，也涉及了很多特色的饮食文化。在传统习俗中，回门时的饮食各地也有着不同的风俗。

新郎被女方正式认可，要通过一定的"回门"程序，即女子出嫁后第一次回娘家看望父母。如《诗经·周南·葛覃》曰："害浣害否，归宁父母。"《毛传》曰："宁，安也，父母在，则有时归宁尔。"意思是说，出嫁的女子初次回娘家向父母问候。娘家人是非常重视回门礼的，新郎第一次来到岳父岳母家，娘家人一定会热情款待，因此新郎无论是从思想上还是在礼品上都要有所准备，争取给岳父岳母留下好印象。

回门礼

回门之日，新娘为了表示对父母的孝

◆ 赶着毛驴回娘家

顺，一定要带一些礼物，这礼物俗称"回门礼"。回门礼以酒、肉、糯米、面条、糕点、茶等食品之类为常见。每个地方的回门礼都有所不同，在各地的回门礼俗中，广东一带的回门礼无疑是非常有特色的。按当地旧时习俗，新娘回门，一定要带着一只烤乳猪，当地人又俗称其为"金猪"。当地民间普遍认为，金猪象征着新娘的贞洁，回门礼中如果没有出现金猪，那就意味着新娘在新婚洞房之夜没有"落红"，人们就会视其为"不贞之女"。反之，如果男家娶的是一位处女，回门之时就会将金猪放在长方桌子上抬着，并且在猪身上系上彩带插上花朵一路招摇过市地送到岳家，不但男家感到欣喜，女家也会很骄傲。清代俞溥臣在《岭南杂咏》中写此俗道："闾巷谁教臂印红，洞房花影总朦胧。何人为定青庐礼，三日烧猪代守宫。"

回门宴请习俗

回门这天，女家要盛情接待前来省亲的新婚夫妇。有些地方有风俗，早上的宴席之上，酒过三巡、菜过五味之后，女家便端

◆ 顾恩思义殿，又名"省亲殿"。北京大观园主景，元妃（贾元春）省亲活动的主要场所

上一块大骨头来。对此，新郎要把骨头上的肉全部啃完，如果新郎嫌肉不好吃或者吃不干净，人们就会笑话新郎挑肥拣瘦。中午宴席上，丈母娘还要给新郎端一碗饺子，经过一番推让，这碗饺子最后会落到新娘的面前。新娘刚咬一口，便被辣得直吸气，这样的举动总会惹来人们一阵哄堂大笑，原来饺子馅儿是由辣椒面做成的。这样，新娘又会再把这碗饺子推给新郎，老实一点的新郎会忍着难以承受的辣将饺子全部吃下，"狡猾"一点的新郎则会只吃饺子皮而不吃馅。若是新郎嫌辣不吃，岳母肯定不会太高兴，因为，这是女家考验新郎是否能够与新娘同甘共苦的一种手段。

在娘家的这段时间，新婚夫妇既可会见女家的亲戚朋友，又可在宴席上大吃一番。不仅如此，人们还会对新郎实施各种恶作剧行为，不仅考验他的耐性，还增进了他与娘家人的关系。新女婿则一定要礼貌待人，举止文明，热情周到。

延伸阅读

新娘新婚下厨风俗

在民间，新婚之后各地都有形式不同的新娘子下厨房风俗。新人下厨做饭，这不仅是媳妇表现自己操持家务能力的方式，也是中华民族自古以来孝敬公婆的一种礼节。唐代诗人王建在《新嫁娘》中写道："三日入厨下，洗手作羹汤。未谙姑食性，先遣小姑尝。"就是对这种风俗的生动写照。同时，我们可以看到这种风俗早在唐代就已经出现了。

在江南一带，新娘在婚后的第三天下厨，要做的第一件事就是煎豆腐。第一次下厨煎豆腐，主要有这几层意义：第一，油煎后的豆腐，因其两面金黄，中间雪白，民间称之为"金镶白玉板"，这其中包含有期待发财的吉祥愿望。第二，把豆腐煎好需要一定的厨艺。如果厨艺不精，火候控制不好，豆腐非常容易煎煳。如果味道没有调好，豆腐又不易进味。翻炒过程中，豆腐又很容易碎。在旧时，为了让新进家门的媳妇体会到操持家务事的艰难以及当家的不易，民间很多地方都有这样给新媳妇"下马威"的下厨考验方式。

第六讲 中华礼仪食俗

求嗣祈孕的求子食俗

在中国古代，"多子多福"的观念兴盛于民间。人们为了能延续家族的香火，能增加劳动力，就不遗余力地祈求上天赐予子嗣，渐渐地，民间也诞生了很多有关祈孕求子的饮食风俗。

在以农业经济为主的封建社会中，劳动力的多少决定了一个家族能否在体力劳动中得到支持，人们总是希望通过多生多育的方式解决劳动力问题。另外，古人也把"不孝有三，无后为大"当作评判一个人是否尽孝道的条件之一。因此，"多子多福"的传统观念在中国人的思想中根深蒂固。于是，人们开始通过种种手段祈孕求子，千奇百怪的求子饮食风俗也就应运而生。

求子饭食俗

中国民间有着送食求子的风俗，人们喜欢给婚后的女子吃喜蛋、喜瓜、莴苣、子母芋头之类的食品。人们相信，多吃这些食品便可受孕。民间各地，也都有着独特的求子食俗。在贵州一带，每当有人去世之时，都要在死者身旁放一碗饭，当地民间称其为"倒头饭"。相传，婚后没有怀孕的妇女，如果吃了这碗饭，便能够怀孕。有些地方，孕妇生完孩子后，都要供奉"送子娘娘""催生娘娘"之类的祈孕求子之神一碗饭，并且谓之"娘娘饭"。传说不怀孕的女子吃了这碗饭也可怀孕。

吃蛋祈孕食俗

民间食蛋以促孕的习俗，从古代"简狄吞燕卵而生契"的传说之中可以初见端倪。《诗经·商颂》记载有"天命玄鸟，降而生商"。虽然是传说，从中也不难发现，先秦时期就已经出现了吃蛋求孕的食俗。

◆ 送子观音

在山东黄县一带，每逢正月初一，婚后长期未孕的妇女都要在门后偷偷吃掉一个煮鸡蛋，以求怀孕。在江南一带，小孩出生后的第三天，父母会将一个煮鸡蛋在新生儿身上滚过，食俗上称此蛋为"三朝蛋"，当地民间认为，婚后不孕的妇女吃了此蛋就能怀孕了。在长江中下游地区，嫁女儿的嫁妆里有一个朱漆"子孙桶"，桶里要放上若干个煮熟染红的喜蛋。嫁妆送到男家后，男家亲友中如有不生育的女人，便会向主人讨子孙桶里的喜蛋吃，据说吃了这种蛋很快就会怀有身孕。

吃瓜求子食俗

除了吃蛋祈孕的食俗，民间还风行着吃瓜求子的食俗。瓜果具有着其他植物不具备的自然特点，它们种类繁多、藤蔓绵延、果实累累，如西瓜、甜瓜、黄金瓜等属葫芦科的都卷须缠络绵绵不已。在中国很多地方，都流行着诸如"种瓜得瓜，种豆得豆""瓜好子多"等俗语，从这之中不难看出人们对瓜果寄托的祈子之情。

在贵州、湖南、江西、江苏等地，中秋节有偷瓜送子的习俗。清末吴友如的《点石斋画报》上还有一幅《送瓜祝子》图，该图送瓜场面极为热闹：送瓜之人骑马乘轿而来，前拥后呼，隆重异常，接瓜之户全家倾出，恭恭敬敬。

旧时广州妇女还有以莴苣求子的食俗。据《清稗类钞》记载："广州元夕妇女偷摘人家蔬菜，谓可宜男。又妇女难嗣续者往往于夜中窃人家莴苣食之，云能生子，盖粤人呼叶用莴苣为生菜也。"

◆ 瓜瓞绵绵

这些五花八门的求子食俗，都多少带有些迷信的色彩。从科学的角度来看，受孕是男女结合的结果，妇女受孕问题，是由男女双方共同的生理状况来决定的，而不能仅仅依靠所吃的食物决定。中国历史上这些祈求子嗣的食俗，是一种唯心的观念。在现代社会，我们应该拒绝迷信思想，树立科学看待问题的观念。

延伸阅读

江南地区的吃瓜求子食俗

江南一些地区有着"吃瓜得子"的婚育习俗，清明当天，婚后未有子嗣的夫妇就会在早上买一个大南瓜煮烂，到了中午，夫妇一起吃掉南瓜，据说妻子就会很快怀孕。在中国福建省一些地区也有着与此相似的中秋之夜"偷南瓜"婚俗。在当地，中秋之夜会有专门的偷瓜人偷来南瓜送到婚后未育的夫妇家。夫妇不仅要热情地款待此人，还要把拿来的南瓜烹煮后献给众人同吃。由于"男"与"南"同音，瓜蒂可以比喻为孩子，所以妻子要吃那块连着瓜蒂的南瓜，来表达对祈孕求子之意。人们出于对瓜果籽多的向往，表达对新人祈孕求嗣的祝福。

关爱母子的妊娠食俗

妊娠自古以来不仅是个人的大事，更是家族的幸事。为了保证孕妇在这期间得到很好的照顾，并且祈求生下的孩子健康快乐，历史上也诞生了很多妊娠期食俗。

妊娠，预示着一个新的生命即将诞生到这个世界上，这对于夫妇二人和整个家族来说，都是一件十分值得庆贺的事情，民间俗称怀孕为"有喜"。但是，当众人为怀孕而兴奋之时，一些可怕的现象诸如流产、早产、难产、畸胎等给分娩蒙上了一层阴影。旧时民间普遍认为，这些悲剧性的现象除了与遗传及妇女妊娠期的行为有关外，主要是由于妊娠期饮食不当造成的。所以，为了保证妇女在妊娠期间的安全，中国自古以来就诞生了诸多关于妊娠的食俗。

妊娠期的饮食禁忌

为了保证孕妇和其腹中胎儿的健康，各地民间都禁止孕妇在怀孕期间食用一些食物，在《古今图书集成·人事典》中记载："儿在胎，日月未满，阴阳未备，腑脏骨节皆未足，故自初迄于将产，饮食居处，皆有禁忌"。由此可见，妊娠期间的种种饮食禁忌已经有了悠久的历史了。

客观上来说，妊娠期间是女性的特殊生理阶段，从避免外界侵害和维护母婴健康的角度来讲，孕妇饮食有所禁忌是有科学根据的。但是，这些禁忌要有限度，不能矫枉过正。有些饮食禁忌，大有牵强附会、无中生有之嫌，如在《古今图书集成·人事典》

◆ 桂圆红枣茶

中就记载："妊娠食羊肝，令子多厄；食山羊肉令子多病；食马肉令子延月；食驴肉生产难；食兔肉犬肉令子无声音并缺唇"。上述的几点禁忌就实在是过于牵强。

◆ 红枣汤

在中国民间，有的地方孕妇不能吃黄瓜、生姜，当地人认为吃了黄瓜后，孕妇生下的孩子会长出许多花花绿绿的斑点。吃了生姜后，生下的孩子则会长六指。有的地方还禁止孕妇吃葡萄，说是吃了葡萄容易生葡萄胎。甚至有的地方不允许孕妇食用任何带有绿色的菜类，认为"青"菜属于青草之类，没有营养，对孕妇身体没有好处。有的地方孕妇禁食狗肉，当地人普遍认为狗肉不洁净，吃后会导致难产。

这些纷繁的饮食禁忌，大都缺乏科学上的依据，不仅会限制孕妇的饮食自由，对孕妇及胎儿的营养发育更是极为不利的。

古代孕妇妊娠期催礼食俗

对于妊娠期的妇女，古人讲究的是食养与胎教并重，并且还流行有"催生"之风俗。

胎教方面，为了让出生的胎儿健康聪明，民间多会要求孕妇行走坐卧都要端正，多听美好的言语，并且要多诵读诗书，演奏礼乐。

在催生方面，还有很多特别的食俗。据宋代吴自牧《梦梁录》中记载："杭城人

家育子，如孕妇入月，期将届，外舅姑家以银盆或彩盆，盛粟杆一束、上以锦或纸盖之，上簇花朵、通草、贴套、五男二女意思，及眠羊卧鹿，并以彩画鸭蛋一百二十枚、膳食、羊、生枣、栗果及孩儿绣绷彩衣，送至婿家，名催生礼。"可见，催生的饮食风俗早在宋代就出现了。

在湘西一带，妊娠期间，孕妇的母亲会亲自给她做一顿有二至五道食肴的美味饭菜，分别称作"二龙戏珠""三阳开泰""四时平安""五子登科"，这些饭要求孕妇必须一次吃干净，其中包含了对孕妇"早生""顺生"的美好祝福之意。在侗族，娘家会送大米饭、鸡蛋与炒肉给孕妇，并且要每七天送一次，直至分娩为止，在浙江则是送喜蛋、桂圆、大枣和红漆筷给孕妇，内含"早生贵子"之意。

延伸阅读

预测胎儿性别的食俗

由于受古代封建社会家庭观念的影响，中国历来有"重男轻女"的传统观念。因此，从孕妇怀孕开始，很多人希望能引导并预测女性腹中胎儿的性别，当然这其中也包括饮食风俗方面的内容。

自古民间就有谚语"酸儿辣女"，即是指在怀孕期间，倘若孕妇喜欢吃酸性食物，则是生男孩的预兆，如果喜欢吃辣性食物，是生女孩的征兆。有些地区也流行有"咸男淡女"的说法，也就是指孕妇怀孕期间如果口味偏咸，可能生男，口味偏淡，则是生女的预兆。客观上来讲，这两种根据妇女妊娠期间的口味来确定其腹中胎儿性别的方式，缺乏科学依据。

祈福母子的分娩食俗

分娩对于孕妇和家人来说都具有重要的意义，意味着新生命的诞生，产妇也在分娩过程中承担着风险。为了表达人们对产妇和新生儿的祝福，民间产生了很多与此有关的食俗。

中国各地自古以来就有诸多分娩食俗，这些食俗从临产之前一直延续到孩子出生之后。最早的分娩食俗是由催生食礼拉开序幕的。

分娩时的催生礼

临近分娩时，人们最担心的是孩子能否顺利生下来。为了避免孕妇难产，人们会采取各种措施来促使孕妇顺利生产。民间最常见的做法就是由娘家给孕妇送"催生饭"。侗族妇女在临产之前，母亲就要为女儿煮上一大碗米饭，并且要包进煎蛋和炒肉，盖上洁净的绣花帕子放在竹篮里，为了表达对孕妇生男孩的祝愿，送饭时一定要左脚先出门。如果女儿吃了还不能顺利生产，母亲还要继续送，直到生下孩子为止。

绍兴一带的催产礼

孕妇将要分娩之时，民间俗称为"落月"。娘家要给女儿送鸡蛋、红糖、生姜、核桃及婴儿的衣服，称"催产"。在绍兴一带，娘家还要将熟了的鸭子盛放在罐子里面端到婿家，为了祈祷女儿生下男孩，在去往女儿家的路上送饭人还要喊："阿官（与'鸭罐'同音）来哉！阿官来哉！"除此以外，娘家人还要用红布包裹的若干只红蛋送到女儿床上。这时，应该马上解开包裹让红蛋滚出来，此举包含有预祝女儿顺利生产的意思。娘家人还要送往婿家几只活鸡，只数没有限制，但是绝对不能成双。送到后要马上打开鸡笼，看第一只跑出来的是公鸡还是母鸡，用此举来预测孕妇生下的婴儿性别。

产妇的饮食进补

产后，产妇的身体非常虚弱，为了能

◆ 催产礼生姜

使其身体尽快恢复，很多地方都有着历史悠久的产妇进补食俗。南方产妇产后经常食用糯米，坐月子期间要给产妇煮糯米粥、糯米饭，酿糯米酒。福建一带也习惯用糯米放在老酒中煮食，据说有散瘀、驱寒、补血的效果。四川地区则有着给产妇在米酒中放些川贝、当归等生血药物的食俗，有时还要加莲子，以增加滋养。在新疆的哈萨克族，产妇产后一般

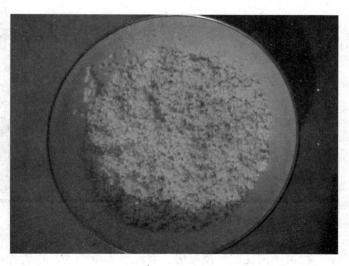

◆ 产妇食用的糯米

都会喝有营养的全羊汤，所谓全羊汤是把羊的每个部位都剔一些放在锅里煮。当地的邻里乡亲们前来探望产妇，也要送上一盆全羊汤庆贺。藏族产妇产后会食用母牛的坐子骨，当地人们认为它是绝佳的滋补食品，在产前几个月，产妇家人就会准备一架牛的坐子骨晒干留用。山东除在给产后妇女吃的粥内放红枣之外，还要放花生米，当地流传着："常吃花生能养生，吃了花生不想晕"的谚语。在河套平原生活的汉族人，产后还要吃用小米加红糖、红枣煮制而成的"二红粥"，每天一共要吃八顿。两湖地区，产妇产后每天都要喝红糖水，当地人们普遍认为红糖具有补血的作用。

分娩后报喜食俗

新生儿降生之后，很多地方都有给外婆报喜的风俗，在这些风俗中饮食扮演着重要的角色。在湘西一带，小孩出生后，女婿要带好两斤酒、两斤肉、两斤糖和一只鸡到岳母家报喜，岳母根据女婿报喜带来的是公

鸡还是母鸡，就可以判断出新生儿的性别。公鸡表示生男孩，母鸡表示生女孩，双鸡表示生双胞胎。在西南彝族及湘鄂一带均有以鸡报喜的习俗。

延伸阅读

产后的饮食禁忌

产后的女性不仅要着重饮食进补，更要注意饮食上的禁忌。俗话说："胎前一盆火，饮食不宜暖，产后一块冰，寒物要当心。"产后妇女在饮食方面，切忌生、冷、酸、辣。忌生、冷是怕伤其阴气，忌酸，是怕牙齿不固，忌辣，是怕引起婴儿上火。这些饮食禁忌都得到了科学的认证，值得被提倡。但是一些地方民间有些饮食禁忌却未免有些牵强附会。如一些地区禁止产后妇女食用猪肉，当地人们认为猪肉发阴，还有一些地方禁止产后妇女吃豆腐、白菜，而且忌喝生水，说是吃了会拉肚子，一些地方产妇还忌吃豆角或弯形蔬菜，说是吃后婴儿不能直立成长。这些都是没有科学根据的禁忌，我们一定要摒弃陈腐观念，让产妇科学饮食。

庆贺婴儿的育婴食俗

妇女生育之后，新生命降临，为了表达对孩子的祝福，民间诞生了很多育婴礼仪，最常见的有"三朝"、"满月"和"抓周"等，这些仪式当中也都掺杂着很多有关中华饮食的内容。

按照中国民间传统风俗，喜得新生命的家庭会受到众人的贺喜，在这些庆贺仪式当中，饮食不仅被安排在招待亲戚朋友的宴席上，更会出现在仪式的过程当中。

三朝食俗

新生儿刚刚诞生，亲戚朋友就都要前往祝贺，主家则办酒席答谢，民间称此习俗为"做三朝"。三朝食俗由来已久，"三朝"并不拘泥于三天，民间也有九天举办的。三朝之日，客人要赠送贺礼，东家要设宴款待。

饮食活动是做三朝的重要内容。仪式中要为婴儿洗澡，洗儿时还要在婴儿的浴盆中放置喜蛋等寓有吉祥意义的食物。为了使产妇孕后虚弱的身体得到调养，来贺的宾朋们自然少不了送上食品。婴儿的外婆会送十全果、挂面、喜蛋和香饼，并且还要用香汤给婴儿"洗三"，边洗边念"长流水，水流长，聪明伶俐好儿郎""先洗头，做王侯，后洗沟，做知州"的祝福歌。

按照民间礼仪，生子之家收礼受贺后要安排宴席来招待亲戚朋友。举办"三朝

宴"，古代也称其为"汤饼宴"。汤饼也就是面饼，在唐代时就经常被作为新生儿之家设置宴席招待来客的第一道食品。清朝以后，汤饼在"三朝"之中的地位逐渐被红蛋取代。其他一些少数民族地区则有所不同，

◆ 洗三

◆ 抓周银挂件

侗族有着用酸菜会客的食俗，招待客人用的食品一般都是腌制的，有酸鸡、酸鸭、酸鱼、酸豆角等食品。

满月食俗

婴儿降生一个月称为"满月"。民间一般在这天会"过满月"，置办满月酒。清代顾张思在《风土录》中记载："儿子一月，染红蛋祀先，曰做满月。据《唐高宗纪》记载：龙朔二年（662年）七月，以子旭轮生满月，赐食三日。盖始于此。"可见，满月设置宴席的食俗一直从唐代开始延续到今天。此习俗在一些少数民族地区也广为流行，白族人在婴儿满月时，孩子的外婆和其他亲友就会带上鸡蛋前去探望和贺喜，孩子的父母或者祖母就会用红糖鸡蛋和八大碗招待宾客。

抓周食俗

婴儿出生满一年称周岁，有抓周或称"试儿"之俗，以预测小儿的性情、志趣、前途与职业。北齐颜推之在《颜氏家训·风操》中说道："江南风俗，儿生一期（一年），为制新衣，盥浴装饰，男则用弓矢纸笔，女则刀尺针缕，并加饮食之物及珍宝服玩，置之儿前，观其发意所取，以验贪廉愚智。"可见，这种习俗已经有着悠久的历史了。届时亲朋都要带着礼物前来祝福、观看，主人家需要设宴招待。周岁生日宴席上的菜须配以长寿面，菜名多为"长命百岁""富贵康宁"之意，要求吉庆、风光。周岁宴席后诞生礼就告一段落了。

延伸阅读

三江侗族的三朝宴食俗

在各地丰富多彩的三朝宴礼中，三江侗族的三朝宴显得尤为隆重和讲究。在当地，前来贺喜的客人到后，主家会先用米酒、鸡蛋来招待他们，然后再端出清香美味的侗族油茶款待来客。食米酒、鸡蛋时每人只能用一支筷子，禁止用一双，吃茶的时候则相反，须成双吃，不能吃单。当地人认为，吃单碗茶叫"跛脚茶"，不吉利。客人至少要吃两碗茶，否则主人会不高兴。两碗吃过后，如果客人不想再吃，只要将筷子架在空碗上即可，如果还将筷子拿在手中或搁在桌子上，主人便会陪您一直喝下去。酒足茶饱后，主人会送给每位客人熟猪肉两串（一般每串四块，重约四两，皆以竹签串之）带回家中馈赠亲友。紧接着，下午新生儿外婆家的客人到来时，会挑选四个大力的男子用新扎的架子抬着一只百多斤重、腿洗干净并涂以猪血的肥猪紧随，另外还有小伙子分抬两坛米酒，其他人手提肉肩挑布帛，来到女婿家。晚上，客人会分坐在十几张小桌拼成的长桌旁，桌上摆有熟猪肉、生腌肉、酸菜、酸鱼豆汤等食品，琳琅满目。因为这些食品均是由娘家带来的，所以又叫"吃娘家饭"。

祝福老人的寿诞食俗

长寿历来被中国人看作美满生活的一项重要指标，为了表达对长寿者的祝福，人们会把饮食和庆祝寿诞的礼仪相结合，因此不同的地域也形成了不同的寿诞食俗。

寿诞也称"诞辰"，民间俗称"生日"。旧时民间生日一般按照农历来计算，寿诞食俗是民间专门为了庆贺生日而举行的饮食活动。

◆ 寿星

古代，受儒家孝亲理论中"哀哀父母，生我劬劳"的影响，人们普遍认为，越是到生日就越应该想到父母抚养孩子的艰辛，在生日这天要反省自己，怀念双亲对自己的养育之恩。到了南北朝时，史料上已经有了过生日的记载。到了唐代，人们的思想有了转变，民间开始出于娱亲的目的开展各种诸如设酒席、奏乐曲的庆寿活动。宋代起，在生日当天赠送礼物的风俗开始在士庶之间盛行，并且一直延续到了现代。中国古代称老年人为"寿"，寿意味着生命的长久。出于对父母的孝敬，每逢家中老人寿诞，子女一般都会举办隆重的庆寿活动，这些庆寿活动中饮食自然也扮演了重要的角色。

寿宴风俗

寿宴又称为"寿筵"，是生日时举办的庆祝宴会。举办寿宴，特别重视逢十的生日和宴会，有贺天命、贺花甲、贺古稀、贺期颐等名称。寿宴之上有很多讲究，菜品名称多扣"九""八"等吉祥数字，如"九九寿席""八仙菜"等，也有象征长寿的"松鹤延年""六合同春""福如东海""白云青松"等菜品，总之这些名字都包含了对中老年人健康长寿的祝愿。前来贺寿的宾客，除了带寿面、寿桃作为贺礼之外，还可以带上其他寓意吉祥的礼物。

寿面

寿面就是生日当天吃的面条，古代又称"生日汤面""长命面"。由于面条绵长，寿诞之日吃面条表示延年益寿。寿面一般长1米，每束要百根以上，盘成塔形，用红绿镂纸拉花罩上，作为寿礼献给寿星，而且要备双份，祝寿之时一份放于寿案之上。寿宴之时，寿面是必不可少的主食。长寿面的吃法也是有讲究的，必须一口气吸食一箸，不能把面条从中间咬断，而且一整碗面都要按照这种方法吃完，否则会被视为不吉利。

寿诞之时吃寿面的习俗由来已久，根据《新唐书·后妃传》记载，王皇后因不受玄宗的宠爱哭着说："陛下独不念阿忠脱紫半臂易斗面，为生日汤饼邪？"阿忠是王皇后的父亲，她用父亲脱衣换面为玄宗做寿面的事感动玄宗。可见，唐代皇帝过生日也要吃面。清代慈禧太后过60岁生日时，孔府76代孙孔令贻的母亲和妻子还专门进献了寿面。时至今日，这种食俗还在中国民间广为流传。

寿桃

寿桃又被人称作"蟠桃"，是用米面粉为原料制作的桃形食物，也有的选用上好的新鲜桃子，一般为客人送的贺礼。蒸制的寿桃要在桃嘴之处用颜色染红，并且要

加上祥云、吉祥话等装饰。庆寿之时，寿桃会被陈列在寿案之上，9桃相叠为一盘，3盘并列。

寿桃的传说有着悠久的历史，汉代东方朔在《神异经》中说道："东北有树焉，高五十丈，其叶长八尺，广四五尺，名曰桃。其子经三尺二寸，小狭核，食之令人知寿。"其中表达了吃这种直径长三尺二寸的桃子可以长寿、聪明之意。在中国古代神话中，西王母做寿，曾经在瑶池边设置了蟠桃会招待众位前来贺寿的仙人们，后世祝寿就沿袭了这个传统。

从上面各种丰富多彩的寿诞食俗可以看出中国人对生日的重视，庆生仪式当中包含的这些活动和礼仪，不仅表达对生日之人的祝福，更寄托着人们对健康长寿的美好愿望。

延伸阅读

过九不过十的寿诞习俗

在中国，老人做寿都是过虚岁生日，有过九不过十的说法。这个习俗符合中国的文化理念，是老子"不盈"思想的体现。九是阳数，而且九之后又归为零，所以民间视其为吉祥的数字。因此，老人们过整寿常常习惯提前一年。比如60大寿，就在59岁那年庆祝。寿诞当日，小辈们要叩拜庆寿老人。中午之时吃准备好的寿面，晚上亲友聚餐。宴席散去后，主人不仅要向亲友赠送寿桃，还要多送一对饭碗，人们称其为"寿碗"，人们认为接受老人的馈赠可以沾到寿星的福气。

哀悼亲人的丧葬食俗

丧葬礼仪是人生之中最后一项"通过礼仪"和"脱离仪式"。丧礼在民间俗称"送终""办丧事",在这一仪式上,也有着很多关于饮食的风俗。

不管人类怎样穷尽所思祈求长寿,但是人受自然规律的制约总有死亡的一天,因此,人生礼仪中必有丧葬礼仪。丧葬在古代被称为"凶礼",对正常死亡的老人来说,中国民间称其为"白喜事"。旧时,和"红喜事"一样,白喜事也是较为铺张的。晚辈在哀悼尽孝的同时,也要对前来吊唁的亲朋好友和帮助处理丧事的工人们进行招待,这也就有了丧葬食俗。

丧席饮食风俗

在中国民间,遇丧之后一般都要讣告亲友,亲友们则会携带必要的物品前来吊唁,吊丧的宾客在饮食上的限制往往比较少,丧席之中不仅有肉,有的还有酒。但是,客人在丧宴之上绝对不能闹酒,不能喧哗嬉闹,不能和哀悼的气氛相对立。

◆ 白面馒头

◆ 大米饭

各个地区的丧席饮食风俗也都有着区别。在鲁北平原，出殡当日会准备八碗菜，并且要使用祭礼上的食品来做成杂烩菜款待众人。当地民间也称"八大碗"为丧宴的代称，因此在喜庆场合禁止提到这个词。在胶东，人去世当天，必须立即通报亲友，入殓、守灵。出殡下葬之后，亲属都会着急的赶回家，人们称之为"抢福"。进餐之时，为了表达哀思，要吃白面馒头和白米饭。扬州地区的丧席一般都是6样菜：红烧肉、红烧鸡块、红烧鱼、炒豌豆苗、炒大粉、炒鸡蛋，当地民间称其为"六大碗"。其中的肉、鸡、鱼代表猪头三牲，表达对死者的孝敬；豌豆苗、大粉、鸡蛋是希望大家和平相处，和睦相待。四川一代的"开丧席"，多用巴蜀田席，即由凉菜、炒菜、镶碗、墩子、蹄膀、干盘菜、烧白、汤菜、鸡或鱼组成的"九大碗"。

祭祀逝者的饮食风俗

除了在葬礼宴席之上各地有不同的食俗，在奉祭逝者之时各地区同样有着不同的饮食风俗。

济南旧俗，老人去世后第三天，丧家会携带盛着米汤的瓦罐赶赴土地庙，呼唤死去的亲人并在各处洒上米汤，民间称此为"送三"。在出殡之日，全家和亲友会聚在一起吃丧葬饭。

老北京风俗，人去世后要在灵位前供干鲜果品和奶油饽饽，奶油饽饽要一层层地码起来，有时会多达数百枚。灵前供上香的瓦盆，在出殡之时儿子要摔碎瓦盆，并且人们认为摔得越响越碎越好。灵前还要准备一个罐子，出殡时将各种食品尽可能多地放到里面，由女主妇抱着葬在棺前，当作送给死者的粮食。解放之后，这种风俗才逐渐消失。

延伸阅读

汉族民间吃豆腐饭风俗

汉族民间有送葬回来之后共进一餐的风俗。这一顿饭，各地都有不同的说法。有的称其为"吃白喜酒"，有的叫"吃送葬"饭，但大多数地方都叫"吃豆腐饭"。古代的"豆腐饭"，素菜素宴，后来也出现有少量的荤菜。如今，已经发展为大鱼大肉了，但是人们依旧按照老风俗称其为"吃豆腐饭"。

"豆腐饭"的由来有一个传说。相传古代的豆腐是由乐毅发明的，乐毅发明豆腐的初衷是为了让上了年纪的父母吃上不用咀嚼的豆制品。豆腐不仅实现了乐毅尽孝道的愿望，还让乡邻百姓们得到了实惠。后来，乐毅的父母因经常食用豆腐而长寿。在父母去世送葬归来之时，乐毅就把家中所有的黄豆都做成了豆腐，并且办了豆腐席招待帮忙送葬的亲朋好友们。自此，吃豆腐饭的风俗逐渐流行开来，并且世代相传。

第七讲
中华饮食流派

中国菜系的起源

在中国历史上，很多地区都形成了独特的烹调技艺和饮食风格，使得中国饮食文化极具区域性，菜系就是中国饮食文化区域性的体现，其形成和发展也是不同地区饮食文化的积淀过程。

中国幅员辽阔，不同地域的自然条件、生活习惯、经济发展状况和文化积淀不同，在饮食烹调和菜肴品类方面也就逐渐形成了不同的地方风味。

菜系的发展历史

春秋战国时期，中国南北的饮食开始呈现出不同的特点。到了唐代，空前繁荣的经济为饮食文化的发展奠定了坚实的基础。唐代改变了中国几千年的分餐制，出现了中国独特的共餐制，促进了中国烹饪事业的发展，到唐宋时期已形成南食和北食两大风味派别。此后，随着中国饮食文化的发展，一些地方菜逐渐形成其独特的风味，并且开始自成派系。到了清代初期，鲁菜（包括京津等北方地区的风味菜）、苏菜（包括江、浙、皖地区的风味菜）、粤菜（包括闽、台、潮、琼地区的风味菜）、川菜（包括湘、鄂、黔、滇地区的风味菜），已成为中国最有影响的地方菜，后称"四大菜系"。到了清末时期，又形成了浙、闽、湘、徽等

◆ 汉代画像石庖厨图

◆ 隋代厨俑 湖北武昌

地方菜，统称为"八大菜系"。

随着时间的发展又出现了京菜，但人们还是习惯以"四大菜系"和"八大菜系"来代表中国的各地风味菜系。这些菜系之中有很多著名菜品，它们选料考究，制作精细，品种繁多，风味各异，讲究色、香、味、形、器俱佳的协调统一，使得中国在世界上享有"烹饪王国"的美誉。

菜系的形成背景

中国菜系的形成与各地的地理气候有关。不同地域的食物原料不同，如山东地处黄河下游，气候温和，物产丰富，而且东部海岸漫长，盛产海产品，所以鲁菜中的胶东菜以烹饪海鲜见长。不同的地理环境还造成了中国"东辣西酸，南甜北咸"的口味差异，如喜辣的食俗多与气候潮湿的地理环境有关。四川地处盆地，潮湿多雾，一年四季少见太阳，这种气候导致人的身体表面湿度与空气饱和湿度相当，难以排出汗液，而吃辣椒有利于汗液的排出，可以起到驱寒祛湿、养脾健胃的作用，因此四川居民多喜辣，这也影响到川菜的风味。

中国菜系的形成也受生产力水平的影响，这是形成饮食文化地域差异性的最根本原因。古代经济发展水平低下，食物原料比较匮乏，人们的生产活动往往局限于一个较小的范围内，食料的来源多为就地取材。地区之间缺乏沟通和交流，这种文化的封闭性造成了饮食习惯的承袭性，形成了"靠山吃山，靠水吃水"的传统饮食风格，并渗透到当地民众的生活习惯和思想观念之中，最终形成了各自的菜系文化。

此外，中华民族还是一个重历史、重家族、重传统的民族，对祖先留下的东西世代传承。因此，每个地区的居民对自己的饮食习俗怀有深厚的感情，当地人对外来食物不自觉地加以抵制。这种心理因素的存在，使得各地区的饮食特征具有一定的稳定性和历史传承性。同时由于长期进食某类食物，人类的消化器官也发生了变化，这就造成了生理上的排外性。北方人到了南方吃米饭，米饭不像馒头那样可以在胃中膨胀，会有一种吃不饱的感觉。长期以植物性食品为主的人们，一连吃几顿肉就会消化不良。因此，不同菜系都保持了各个地域的乡土特色。

延伸阅读

原始信仰和崇拜对菜系的影响

不同地区不同民族的崇拜习性和原始信仰，也影响到当地居民对食料的选择和食用方法。鄂伦春族人以熊为民族的图腾，他们早期不狩熊。畲族崇拜舍狗，在生活上禁杀和吃狗肉及禁说或写狗字。佛教传入中国后，僧侣们只能吃素食。南北朝时江苏一带佛教大发展，所以在苏菜中有"斋席"。四川青城山是道教的发源地，道教注重饮食养生，比如"白果炖鸡"既是药膳，又是川菜的代表名菜，注重本味，很少使用调味料。

历史悠久的鲁菜

鲁菜发端于春秋战国时的齐国和鲁国，是中国覆盖面最广的地方风味菜系。鲁菜是在汇集了山东各地烹调技艺之长，并经过长期的历史演化而形成的，凝聚了劳动人们的勤劳与智慧。

鲁菜的历史极为久远，形成于春秋战国时期。当时的齐国和鲁国自然条件得天独厚，尤其傍山靠海的齐国，凭借鱼、盐、铁之利，不仅促成了齐桓公的霸业，也为饮食的发展提供了良好的条件。

春秋时期的鲁菜已经相当讲究科学、注意卫生，还追求刀工和调料的艺术性，已到日臻精美的地步。鲁菜中的清汤，色清而鲜，奶汤色白而醇，独具风味，就是继承古代善于做羹的传统；鲁菜以海鲜见长，则是承袭海滨先民食鱼的习俗。"食不厌精，脍不厌细"的孔子还有一系列"不食"的主张。

到了秦汉时期，山东的经济空前繁荣，地主、富豪出则车马交错，居则琼台楼阁，过着"钟鸣鼎食，征歌选舞"的奢靡生活。根据"诸城前凉台庖厨画像"，可以看到上面挂满猪头、猪腿、鸡、兔、鱼等各种畜类、禽类、野味，下面有汲水、烧灶、劈柴、宰羊、杀猪、杀鸡、屠狗、切鱼、切肉、洗涤、搅拌、烤饼、烤肉串等，以及各种忙碌烹调操作的人们。这幅画所描绘的场面之复杂，分工之精细，不啻烹饪操作的全过程，真可以和现代烹饪加工相媲美。

北魏时期贾思勰对黄河流域（主要是山东地区）的烹调技术作了较为全面的总结，详细阐述了煎、烧、炒、煮、烤、蒸、腌、腊、炖、糟等烹调方法，还记载了"烤鸭""烤乳猪"等名菜的制作方法，对鲁菜系的形成、发展产生了深远的影响。之后历经隋、唐、宋、金各代的提高和锤炼，鲁菜逐渐成为北方菜的代表，以致宋代山东的"北食店"久兴不衰。

到元、明、清时期，鲁菜又有了新的

◆ 传统鲁菜九转大肠

◆ 孔府

炸、扒、熘、蒸,口味以鲜夺人,偏于清淡,选料则多为明虾、海螺、鲍鱼、蛎黄、海带等海鲜。其中名菜有"扒原壳鲍鱼",主料为长山列岛海珍鲍鱼,以鲁菜传统技法烹调,鲜美滑嫩,催人食欲。其他名菜还有蟹黄鱼翅、芙蓉干贝、烧海参、烤大虾、炸蛎黄和清蒸加吉鱼等。济南派则以汤著称,辅以爆、炒、烧、炸,菜肴以清、鲜、脆、嫩见长。其中名肴有清汤什锦、奶汤蒲菜,清鲜淡雅,别具一格。孔府派的制作讲究精美,重于调味,工于火候。在选料上也极为广泛,粗细均可入馔,其中"八仙过海闹罗汉"是孔府宴的招牌菜。此外,还有一些野菜可以入肴。

发展。此时鲁菜大量进入宫廷,成为御膳的珍品,并在北方各地广泛流传。同时还产生了以济南、福山为主的两大地方风味,曲阜孔府宅院内也出现了自成体系的官府菜。

此外,在明清年间山东的民间饮食烹饪水平也相当发达,尤其是一些面点小吃形成了独特的风味。山东的面制品很多,尤以饼为最,它们做工精细、用料广泛、品种丰富。袁枚曾在《随园食单》中称赞山东薄饼这些经济实惠的小吃广为流传,成为与人民生活密切相关的食品,也成为鲁菜不可缺少的组成部分。

到了近代之后,鲁菜在其自身的发展过程中不断地向外延伸,这也是鲁菜影响面较大的主要原因。同时,鲁菜的影响范围遍及黄河中下游已北的广大地区,并成为中国的各大菜系之首。

如今,鲁菜包括以福山帮为代表的胶东派,以德州、泰安为代表的济南派以及有"阳春白雪"之称的孔府菜,还有星罗棋布的各种地方菜和风味小吃。胶东菜擅长爆、

延伸阅读

乾隆与孔府臭豆腐

孔府菜是乾隆时代的官府菜,当时孔府厨房能跟上皇宫的御膳房,孔府宴丰盛得能和皇宫的饮食相比,乾隆多次到曲阜孔府,特别爱吃孔府的臭豆腐。有一次,乾隆在孔府刚吃了满汉酒席,衍圣公用翡翠盘子端来了一小块臭豆腐,说道:"这臭豆腐样子丑,吃起来挺美口。"乾隆一看,心里很不自在,勉强用筷子一尝,味道还真不错呐。乾隆欢喜地说:"把你的豆腐户让给我吧。"乾隆回京时真把这家豆腐户带走了,从那以后北京也有了臭豆腐。

精细致美的苏菜

苏菜历史悠久，具有用料广泛、刀工精细、烹调方式多样、菜品风格清鲜等特点。它由淮扬、苏锡、徐海三大地方风味菜肴组成，其影响遍及长江中下游地区，在国内外也享有盛誉。

苏菜形成于江苏，这里东临大海，河流纵流全境，而且气候温暖，土壤肥沃，素有"鱼米之乡"之称。一年四季，水产禽蔬不断，这些富饶的物产为江苏菜系的形成提供了优越的物质条件。据学者考证，江苏菜系起始于南北朝时期，自唐宋以后，与浙菜并称为"南食"的两大台柱。江苏菜系的特点是浓中带淡，鲜香酥烂，原汁原汤，浓而不腻，口味平和，咸中带甜，烹调技艺以擅长炖、焖、烧、煨、炒而闻名。

苏菜的历史

据史料记载，早在商汤时期，江苏太

◆ 苏州园林

湖一带的韭菜花就已经登上大雅之堂。汉代淮南王刘安在八公山上发明了豆腐，首先在苏、皖地区流传。汉武帝又发现渔民所嗜"鱼肠"滋味甚美，其实"鱼肠"就是乌贼鱼的卵巢精白。晋代葛洪的"五芝"之说，对江苏的饮食产生了较大的影响。直到南北朝时期，江苏菜系才开始形成。

唐宋时期，随着江苏伊斯兰教徒的增多，苏菜系又受清真菜的影响，烹饪更为丰富多彩。而后宋朝皇室南渡杭州城，建立了南宋王朝，同时大批中原士大夫南下。因此，江苏菜系也深受中原风味的影响。明清以来，苏菜系又受到许多地方风味的影响。江苏的烹饪文献也很多，如元代大画家倪瓒的《云林堂饮食制度集》、明代韩奕的《易牙遗意》、清代袁枚的《随园食单》等。

苏菜的风味特点

苏菜主要有淮扬、苏锡、徐海三大地方风味，其中以淮扬菜为主体。淮扬菜是长江中下游地区的著名菜系，覆盖地域很广，包括现今江苏、浙江、安徽、上海以及江西、河南部分地区，有"东南第一佳味"之

◆ 淮扬名菜狮子头

誉。淮扬菜中最富盛名的就是扬州刀工，堪称"全国之冠"。两淮地区的鳝鱼菜品也丰富多彩，其中的镇江三鱼（鲥鱼、刀鲹、鲴鱼）更是驰名天下。 淮扬菜的特点是用料严谨，讲究刀工和火工，追求本味，突出主料，色调淡雅，造型新颖，咸甜适中，口味清鲜，适应不同口味的食客。在烹调技艺上，多用炖、焖、煨、焐之法。如南京一带的淮扬菜就是以烹制鸭菜著称，细点也是以发酵面点、烫面点和油酥面点为主。

苏锡菜则主要流行于苏州、无锡等地，范围大概是东到上海、松江、嘉定、昆山等地，西到常熟一带。徐海菜的风味则比较接近齐鲁菜系，肉食之中五畜都可下菜，水产之中也以海味取胜。菜肴的色调比较浓重，口味也偏咸，烹调技艺多以煮、煎、炸为主。

随着历史的发展，江苏菜系的三大地方风味菜均有变化。如淮扬菜由平和而变为略甜，似受苏锡菜的影响。苏锡菜尤其是苏州菜口味由偏甜而转变为平和，又受到淮扬菜的影响。徐海菜则咸味大减，色调亦趋淡雅，向淮扬菜看齐。但在整个苏菜系中，淮扬菜仍占主导地位。

延伸阅读

苏菜知名菜品

江苏菜系的名菜很多，其中三套鸭就是一道传统名菜。清代《调鼎集》中曾详细记录了套鸭制作方法："肥家鸭去骨，板鸭亦去骨，填入家鸭肚内，蒸极烂，整供"。后来扬州的厨师以将湖鸭、野鸭、菜鸽三禽相套，用宜兴产的紫砂烧锅，小火宽汤炖焖而成。家鸭肥嫩，野鸭香酥，菜鸽细鲜，风味独特。此外，苏菜之中还有一种叫做"煮干丝"的佳肴，相传同乾隆皇帝下江南有关。乾隆六下江南，扬州地方官员聘请名厨为皇帝烹制佳肴，其中有一道"九丝汤"，是用豆腐干丝加火腿丝，在鸡汤中烩制，味道鲜美。特别是干丝切得细，味道渗透较好，可以吸入汤中的各种鲜味，名传天下，遂更名"煮干丝"。江苏名菜还有盐水鸭腌、生炒甲鱼、丁香排骨、清炖鸡子、金陵扇贝、碧螺虾仁、翡翠虾斗、雪花蟹斗、蟹粉鱼唇、霸王别姬、沛公狗肉、彭城鱼丸、荷花铁雀、红焖加吉鱼、红烧沙光鱼等。

百菜百味的川菜

川菜作为八大菜系之一,在中国饮食文化史上占有重要的地位,它以别具一格的烹调方法和浓郁的麻辣风味而闻名古今,成为中华民族文明史上的一颗璀璨明珠。

川菜发源地是古代的巴国和蜀国,从地域上看就是现在的四川一带。川菜取材广泛,调味多变,菜式多样,口味醇厚,不仅为四川人所喜爱,而且深受全国各地民众的青睐。

川菜的起源和发展

川菜的历史久远,大致形成于秦到三国之间。当时无论烹饪原料的取材,还是调味品的使用,以及刀工、火候的要求和专业烹饪水平,均已初具规模,已有菜系的雏形。秦惠王和秦始皇先后两次大量移民蜀中,带来中原地区先进的烹饪技术,对川菜生产和发展有巨大的推动和促进作用。

汉代,四川一带更为富庶。张骞出使西域时,为四川引进了胡瓜、胡豆、胡桃、大豆、大蒜等品种,增加了川菜的烹饪原料和调料。当时国家统一,商业繁荣,形成了以长安为中心的五大商业城市,其中就有成都。三国时刘备更是以四川为"蜀都",为饮食业的发展,创造了良好的条件。

川菜正是在这样的背景之下逐渐诞生的。此后,唐代、宋代也经久不衰。元、明、清建都北京后,随着入川官吏的增多,大批北京厨师前往成都落户,经营饮食业,使川菜又得到进一步发展,逐渐成为中国的主

◆ 四川名菜毛血旺

要地方菜系。

李白、苏轼的川菜情缘

唐代诗仙李白自幼随父迁居锦州隆昌（现在的四川江油），在四川生活了20多年。他很爱吃当地的炯蒸鸭子。厨师宰鸭后将鸭放入盛器内，加上酒等调料，再注入汤汁，用一大张浸湿的绵纸封严盛器口，蒸烂后鸭子又香又嫩。到了天宝元年，李白受到唐玄宗的宠爱入京任职。他将炯蒸鸭子献给玄宗，皇帝吃了非常高兴，将此菜命名为"太白鸭"。

苏轼从小也深受川菜的影响，苏轼的诗歌中，很多都写到了以蔬菜入馔，如"秋来霜露满冬园，芦菔生儿芥有孙。我与何曾同一饱，不知何苦食鸡豚"。"芥蓝如菌蕈，脆美牙颊响。白藕类羔羊，冒土出熊掌"。这些诗句表达的是诗人对川菜的怀念。此外，苏轼还创制了东坡肉、东坡羹和玉掺羹等佳肴，为川菜作出巨大的贡献。

川菜的独特风格

川菜的风味主要囊括了成都、重庆、乐山、自贡等地方菜的不同特色，最大的特点就是味型多样，变化无穷。川菜以辣椒、胡椒、花椒、豆瓣酱为主要调味品，不同的配比方式可以变化出麻辣、酸辣、椒麻、麻酱、蒜泥、芥末、红油、糖醋、鱼香、怪味等各种味型。由此可见，川菜所用的调味品不仅品种多样，还极具特色。尤其是号称"三椒"的花椒、胡椒、辣椒，"三香"的葱、姜、蒜。此外，醋、豆瓣酱的使用数量之多，也远非其他菜系能相比。川菜还有"七滋八味"之说，"七滋"指甜、酸、麻、

◆ 传统川菜麻婆豆腐

辣、苦、香、咸；"八味"即是鱼香、酸辣、椒麻、怪味、麻辣、红油、姜汁、家常。

川菜的烹调方法很多，如炒、滑、爆、编、烧、炯、炖、摊、垠等，以及冷菜类的拌、卤、熏、腌、腊、冻、酱等。但不论官府菜，还是市肆菜，都有许多名菜，且色、香、味、形俱佳。

总之，川菜是历史悠久、地方风味极为浓郁的菜系。它品种丰富，味道多样，享有"一菜一格，百菜百味"之美誉。

延伸阅读

川菜名菜——麻婆豆腐的来历

在清代光绪年间，成都万宝酱园一个姓温的掌柜，有一个满脸麻子的女儿，叫温巧巧。她丈夫死后，为了维持生活，她把碎羊肉配上豆腐，再加上辣椒、花椒、豆瓣等作料，炖成羊肉豆腐，味道辛辣，十分受人欢迎。于是，她把屋子改成食店，前铺后居，以羊肉豆腐作招牌菜招待顾客。由于小食店价钱不贵，味道又好，生意很兴旺。巧巧寡居后没改嫁，一直靠经营羊肉豆腐维持生活。她死后，人们为了纪念她，就把羊肉豆腐叫做"麻婆豆腐"，沿称至今，"麻婆豆腐"也成为一道家常菜，随处可见，深受国人的喜爱。

博采众长的粤菜

粤菜是起步较晚的菜系，深受其他菜系的影响，它总体特点是选料广泛、新奇且尚新鲜，菜肴口味尚清淡，味别丰富，时令性强，夏秋讲清淡，冬春讲浓郁，有不少菜点具有独特风味。

粤菜形成于广东一带，广东地处亚热带，气候温和，物产富饶，可用作食物的动植物品种很多，为广州饮食文化的发展提供了得天独厚的自然条件。广东地处珠江三角洲一带，水路交通发达，很早这里就是岭南的政治、经济、文化中心，饮食文化比较发达。广州也是中国最早的对外通商口岸之一，在长期与西方的经济往来和文化交流中，也吸收了一些西菜的烹调方法，再加上广州外地餐馆的大批出现，促进了粤菜的形成。

海纳百川的粤菜

粤菜坚持"以我为主，博采众长，融合提炼，自成一家"的原则。如苏菜系中的名菜松鼠鳜鱼，虽然享誉大江南北，但不能上粤菜的宴席。在广东的食俗之中，鼠辈之名不能登大雅之堂，于是粤菜名厨运用娴熟的刀工将鱼改成小菊花型，名为菊花鱼，这样方便用筷子或刀叉食用。苏菜经过如此改造，便成了粤系的名菜。此外，粤菜烹调方法中的泡、扒、烤是从北方菜的爆、扒、烤移植而来的，煎、炸的新法是吸取西菜同类方法改进之后形成的。

粤菜借鉴其他菜系并不是生搬硬套，而是结合广东本地原料质的特点和人们的口味加以继承和发展。如北方菜的扒，通常是把原料调味后，烤至酥烂，推芡打明油上碟，称为"清扒"。粤菜的扒却是将原料煲或蒸至腻，然后推阔芡扒上，表现多为有料

◆ 广东名菜脆皮烤乳猪

◆ 传统粤菜客家酿豆腐

扒，代表作有八珍扒大鸭、鸡丝扒肉脯等。

广东的饮食文化业与北方菜系文化一脉相通，一个很重要的原因就是，北方历代王朝派来的治粤官吏等都会带来北方的饮食文化，其间还有许多官厨高手或将他们的技艺传给当地的同行，或是在市肆上自设店营生，将各地的饮食文化直接介绍给岭南人民，使之变为粤菜的重要组成部分。

粤菜的风味特点

粤菜主要由广州菜、潮州菜、东江菜三种地方风味组成，除了注意吸取各菜系之长，还形成了自己的独特风味。广州菜包括的地域最广，用料也最为庞杂，选料精细，技艺精良，善于变化，风味清而不淡，鲜而不俗，嫩而不生，油而不腻。夏秋力求清淡，冬春偏重浓郁，擅长小炒，要求掌握火候和油温恰到好处。同时还兼容了许多西菜做法，讲究菜的气势和档次。

潮汕菜原先属于福建，自从隶属广东之后又深受广东菜的影响，所以潮州菜融汇两家之长，自成一派。潮汕菜以烹制海鲜见长，汤类、素菜、甜菜也很具特色。刀工精细，口味清纯。

东江菜又名"客家菜"，客家原是中原人，在汉末和北宋后期因避战乱南迁，聚居在广东东江一带。因此，东江菜尚保留中原菜系的风貌，菜品以肉类为主，水产不多，讲究味道的香浓，下油较重，味道也偏咸，以砂锅菜见长，有独特的乡土风味。

粤菜的知名菜肴

粤菜的知名佳肴很多，有脆皮烤乳猪、龙虎斗、护国菜、潮州烧鹰鹅、艇仔粥、猴脑汤等百余种，其中"烤乳猪"是粤菜最著名的特色菜。早在西周时代，烤乳猪即是"八珍"之一。到了清代，烤乳猪随着烹调制作工艺的改进，达到了"色如琥珀，又类真金"的效果，并皮脆肉软，表里浓香，非常适合南方人的口味。

海派风格的闽菜

闽菜是中国著名菜系之一，以烹制山珍海味而著称，在色、香、味、形兼顾的基础上，尤以香味见长，其清新、和醇、荤香、不腻的风味特色，在中国饮食文化中独树一帜。

闽菜是由福州、厦门、泉州等地方菜发展而成的，其中以福州菜为主要代表。这里自古就是中国的对外通商之所，文化交流极为频繁，为闽菜的发展提供了良好的文化氛围。闽菜在继承中华传统技艺的基础上，借鉴各路菜肴之精华，对粗糙、滑腻的习俗加以调整，使其逐渐朝着精细、清淡、典雅的品格演变，以致发展成为格调甚高的闽菜体系。

闽菜的历史

闽菜起源于福建闽侯县，这里地理条件优越，物产也十分富饶，常年盛产稻米、蔬菜、瓜果等，其中就有闻名全国的茶叶、香菇、竹笋、莲子以及鹿、鹤鹑、河鳗、石

◆ 闽菜名品佛跳墙

鳞等美味。此外，沿海地区还盛产鱼、虾、螺、蚌等海产，据明代万历年间的统计资料，当时水产品共计270多种，为闽菜系的发展提供了得天独厚的烹饪资源。

两晋南北朝时期，大批中原士族开始进入福建，并带来了中原先进的科技文化，与闽地的古越文化进行混合和交流，促进了当地饮食文化的发展。晚唐五代，河南光州固始的王审知兄弟带兵入闽建立"闽国"，对福建饮食文化的繁荣产生了积极的促进作用，也对闽菜的发展产生了深远的影响。

此外，福建也是中国的著名侨乡，很多旅外华侨从海外引进的食物品种和一些新奇的调味品，对丰富福建饮食文化、充实闽菜体系也起到了很大的促进作用。福建人民经过与海外特别是南洋群岛人民的长期交往，海外的饮食习俗也逐渐渗透到闽人的饮食生活之中，从而使闽菜成为带有开放特色的一种独特菜系。

闽菜的风味特点

闽菜的刀工甚为讲究，可以使不同质地的材料，达到入味透彻的效果。所以，闽菜的刀工有"剖花如荔，切丝如发，片薄如纸"的美誉。如凉拌菜肴"萝卜蓄"，将薄薄的海蟹皮，每张分别切成2~3片，复切成极细的丝，再与同样粗细的萝卜丝合并烹制，凉后拌上调料上桌。此菜刀工精湛，海蜇与萝卜丝交融在一起，脆嫩爽口，经历百年，盛名不衰。

闽菜具有"多汤"的特点，即闽菜宴席中的汤菜很多，这与福建丰富的海产资源有关。因为闽菜始终将质鲜、味纯、滋补联系在一起，而在各种烹调方法中，汤菜最能体现菜的原汁原味和本色本味。闽菜中的汤菜与一般的汤菜不同，它通过各种辅料的调制，可以摒除原料中固有的膻、苦、涩、腥等异味，因而又有"一汤变十"之说。

闽菜的调味技艺也很奇异。闽菜偏甜、偏酸、偏淡的口味，与其丰富多彩的佐料以及其烹饪原料多用山珍海味有关。因为偏甜可去腥膻，偏酸爽口，味清淡则可保其质地鲜纯。如闽菜名肴荔枝肉、甜酸竹节肉、葱烧酥鲫、白烧鲜竹蛙等均能恰到好处地体现偏甜、偏酸、偏清淡的特征。

闽菜的烹调技艺很为奇特，蒸、炒、炖、焖、氽、煨等方法各具特色。在餐具上，闽菜一般选用大、中、小盖碗，十分细腻雅致。如炒西施舌、清蒸加力鱼、佛跳墙等都鲜明地体现了闽菜的特征，其中尤以佛跳墙最为典型。相传佛跳墙始于清道光年间，百余年来，一直驰名中外，成为闽菜中最著名的古典名菜，也是中国最著名的特色菜之一。佛跳墙选料精细，加工严谨，讲究火工与时效，注意调汤，注重器皿的选择。

延伸阅读

闽菜经典"东壁龙珠"

"东壁龙珠"是闽菜中的经典菜肴，历史悠久。"东壁龙珠"源于福建泉州开元寺中的几棵龙眼树，这几棵树相传已有千余年历史，树上所结龙眼，也是稀有品种东壁龙眼，其壳薄核小，肉厚而脆，有特殊风味，享誉国内外。福建泉州地区采用东壁龙眼为原料，配以猪瘦肉、鲜虾仁、水发香菇、草莽、鸡蛋等制成菜肴，便取名为"东壁龙珠"。

第七讲 中华饮食流派

南料北烹的浙菜

浙菜源于江浙一带，兼收江南山水之灵秀，受到中原文化之灌溉，得力于历代名厨的开拓创新，逐渐形成了鲜嫩、细腻、典雅的菜品格局，是中华民族饮食文化宝库中的瑰宝。

浙菜系形成于素有"江南鱼米之乡"之称的浙江，这里盛产山珍野味，水产资源丰富，为浙江菜系的形成与发展提供了得天独厚的自然条件。随着南宋移都杭州，用北方的烹调方法将南方的原料做得美味可口，

◆ 浙菜名品龙井虾仁

"南料北烹"于是成为浙菜系一大特色。

浙菜的历史

浙菜具有悠久的历史。黄帝《内经·素问·导法方宜论》上说："东方之域，天地所始生也，渔盐之地，海滨傍水，其民食盐嗜咸，皆安其处，美其食"。《史记·货殖列传》中就有"楚越之地……饭稻羹鱼"的记载。由此可见，浙江烹饪已有几千年的历史。

秦汉直至唐宋，浙菜以味为本，讲究精巧烹调，注重菜品的典雅精致。汉时会稽(今浙江绍兴)人王充在《论衡》中尚甘的论述，反映了此时浙菜又广泛运用糖醋提鲜。隋时，据《大业拾遗记》载：会稽人杜济善于调味，创制的"石首含肚"菜肴已被纳入御膳贡品。唐代的白居易、宋代的苏东坡和陆游等关于浙菜的名诗绝唱，更把历史文化名家同浙江烹饪文化联系到一起，增添了浙菜典雅动人的文采。

南宋建都杭州，中原厨手随宋室南渡，黄河流域与长江流域的烹饪文化交流配合，浙菜引进中原烹调技艺之精华，发扬本地名

物特产丰盛的优势，南料北烹，创制出一系列有自己风味特色的名馔佳肴，成为"南食"风味的典型代表。

明清时期，浙菜进入鼎盛时期。特别是杭州人袁枚、李渔两位清代著名的文学家，分别撰著出的《随园食单》和《闲情偶寄·饮馔部》，把浙菜的风味特色结合理论作了阐述，从而扩大了浙菜的影响。

浙菜整体风格

浙菜在选料上刻意追求原料的细、特、鲜、嫩。"细"，即严格选用物料的精华部分，以使菜品达到高雅上乘；"特"，即选用特产原料，以突出菜品的地方特色；"鲜"，即选用鲜活的原料，以保证菜品的纯真味道；"嫩"，即让菜品清鲜爽脆。

浙菜烹调海鲜、河鲜很有特色，与北方烹法有显著不同。浙江烹鱼，大都过水，约有三分之二是用水作传热体，这样可以突出鱼的鲜嫩，保持本味。

浙菜注重菜品的清鲜脆嫩，主张保持主料的本色和真味。浙菜的辅料多以季鲜笋、冬菇和绿叶的菜为主，同时还十分讲究以绍酒、葱、姜、醋、糖调味，以达到去腥、戒腻、吊鲜、起香的作用。

浙菜的形态讲究精巧细致、清秀雅丽。许多菜肴，还以风景名胜命名，造型优美。这种风格可以追溯到南宋时期。

浙菜风味特色

浙菜大体由杭州、宁波、绍兴和温州四个地方流派组成，各有自己的特色风格。

杭州菜历史悠久，重视原料的鲜、活、嫩，以鱼、虾、时令蔬菜为主，讲究刀工，口味清鲜，突出本味，经营名菜有百味羹、五味焙鸡、米脯风鳗、酒蒸纷鱼等近百种。杭州菜系中有一道极富盛名的菜品"龙井虾仁"，由取自杭州的上好龙井茶叶烹制而成，具有清新、和醇、荤香、不腻的特点，不久就成为杭州最著名的特色名菜。

宁波菜也是以烹制海鲜见长，讲究海鲜的鲜嫩软滑，主要代表菜有雪菜大汤黄鱼、奉化摇蜡、宁式鳝丝、苔菜拖黄鱼等。绍兴菜则擅长烹制河鲜家禽，入口香酥绵糯，极富乡村风味，代表名菜有绍虾球、干菜焖肉、清汤越鸡、白鲞扣鸡等。温州菜则以海鲜入馔为主，烹调讲究"二轻一重"，即轻油、轻芡、重刀工，代表名菜有三丝敲鱼、桔络鱼脑、蒜子鱼皮、爆墨鱼花等。

延伸阅读

宁波菜中的极品新风鳗鲞

浙江宁波地区有一道历史名菜叫"新风鳗鲞"。相传春秋末期，吴王夫差与越国交战，带兵攻陷越地鄞邑（现在的宁波地区），御厨在五鼎食中放了牛肉、羊肉、麋肉、猪肉和鳗鲞（代替鲜鱼）做菜。吴王食后，觉得此鱼香浓味美，与往日官中所吃的鲤鱼、鲫鱼不同。吴王回宫后，虽餐餐都有鱼肴，但总觉得其味道不如鄞邑的可口。后来他差人到鄞邑海边找来一位老渔民，专为他制作鱼肴，夫差吃后赞不绝口，鳗鲞从此身价百倍。

酸辣中品的湘菜

湘菜的历史源远流长，在几千年的悠悠岁月中，经过历代的演变与发展，终于成为中国极富盛名的地方菜系，以酸、辣、香、鲜、腊见长。

湘菜形成于湖南一带，这里气候温暖，雨量充沛，盛产笋、覃和山珍野味，农牧副渔也较为发达，素有"鱼米之乡"之称。司马迁的《史记》之中曾记载了楚地"地势饶食，无饥馑之患"。可见，湖南优越的自然条件和丰富的物产为湘菜系的形成和发展提供了得天独厚的条件。

湘菜的历史

湘菜是一种古老的地方风味菜。早在战国时期，伟大的爱国主义诗人屈原在他的著名诗篇《招魂》中就记载了当地的许多菜肴。到了汉朝，湖南的烹调技艺已有相当高的水平。通过对长沙马王堆西汉古墓的考古发掘，发现了许多同烹饪技术相关的资

◆ 湖南特色菜双色剁椒鱼

料。其中有迄今最早的一批竹简菜单，记录了103种名贵菜品和炖、焖、垠、烧、炒、烟、煎、熏、腊九类烹调方法。

唐宋时期，湘菜体系已经初见端倪，一些菜肴和烹艺开始在官府衙门盛行，并逐渐步入民间。由于长沙又是文人荟萃之地，湘菜系发展很快，成为中国著名的地方风味之一。五代十国时期，湖南的饮食文化又得到了进一步发展。

明清时期，湘菜开始进入发展的黄金时期，湘菜的风格基本定型。尤其是清朝末期，湖南美食之风盛行，一大批显赫的官僚竞相雇佣名师以饱其口福，很多豪商巨贾也争相效仿，为湘菜的发展起到了促进作用。到了民国时期，湖南的烹饪技艺进一步提高，出现了多种流派，从而奠定了湘菜的历史地位。

湘菜的风味特点

湘菜油重色浓、主味突出，以酸、辣、香、鲜、腊见长，由湘江流域、洞庭湖区和湘西山区的三种地方风味组成。湘江流域的菜以长沙、衡阳、湘潭为中心，用料广泛、制作精细、品种繁多，口味上注重香鲜、酸辣、软嫩，制作主要以垠、炖、腊、蒸、炒见称。洞庭湖区的菜以烹制河鲜和家禽家畜见长，多用炖、烧、腊的制作方法，芡大油厚、咸辣香软。湘西菜擅长制作山珍野味，烟熏腊肉和各种腌肉，口味侧重于咸、香、酸、辣。湖南地处亚热带，气候多变，夏季炎热，冬季寒冷，因此湘菜特别讲究调味。如夏天炎热，其味重清淡、香鲜；冬天湿冷，其味重热辣、浓鲜。

湘菜系的主要菜品很多，如五元全鸡、组庵鱼翅、腊味合蒸、面包全鸭、油辣冬笋尖、冰糖湘莲、火宫殿臭豆腐、发丝牛百叶、红椒腊牛肉等。"组庵鱼翅"是湖南的地方名菜，相传清代光绪年间，进士谭组庵十分喜欢吃此鱼翅，其家厨便将鸡肉、五花猪肉和鱼翅同煨，使鱼翅更加软糯爽滑，汤汁更加醇香鲜美，谭进士食后赞不绝口，因此菜为谭家家厨所创，故称为"组庵鱼翅"。湘菜之中还有一道五元全鸡的历史名菜，清代的《调鼎集》中记载了它的制法。因为它以黄芪炖鸡，可以强身健体，延年益寿，所以又叫"神仙鸡"。相传为曲园酒楼所制，李宗仁曾在该店大宴宾客，该店至今仍是中国首屈一指的湖南风味菜馆。

延伸阅读

"百鸟朝凤"的做法

百鸟朝凤是一道传统湘菜，象征着欢聚和团圆。做法如下：选一只肥嫩母鸡宰杀，去血褪尽鸡毛，除掉嘴壳、脚皮，从颈翅之间用刀划开一寸长左右的鸡皮，取出食管、食袋、气管，再从肛门处横开一寸半长左右的口子，取出其余鸡内脏，清洁干净。这样，整个鸡的形体未遭破坏。然后把整鸡用旺火蒸至鸡肉松软，再放入去壳的熟鸡蛋，续蒸20分钟左右，即从蒸笼取出蒸铺，倒出原汤于干净锅中，将鸡翻身转入大海碗内，剔去姜片，原鸡汤烧开，加菜心、香菇，再沸时起锅盛入鸡碗内，撒上适量胡椒粉。至此，便成一道鸡身隆起、鸡蛋和白菜心浮现于整鸡周围的形同百鸟朝凤的美味佳肴。

油重色浓的徽菜

徽菜经过历代名厨的交流切磋、继承发展，逐渐集安徽各地的名馔佳肴于一身，成为一个雅俗共享、南北皆宜、独具一格、自成一体的著名菜系。

徽菜发源于安徽省。安徽地处中国中部山区，山珍野味非常丰富，如山鸡、斑鸠、野鸭、野兔、果子狸、鞭笋、石鸡、青鱼、甲鱼等，这些都为徽菜的烹调提供了丰富的原材料，徽菜就是以烹制山珍野味而著称。

徽商与徽菜

徽菜的形成、发展与徽商有着密切的关系。徽商起于东晋，到唐宋时期日渐发

◆ 安徽名菜黄山土母鸡汤

达，明清则是徽商的黄金时代。徽商富甲天下，其生活奢靡而又偏爱家乡风味，饮馔之丰盛，筵席之豪华令人咋舌。徽商在饮食方面的高消费对徽菜的发展起了推波助澜的作用，使徽菜品种更加丰富，烹调技艺更加精湛。

徽商们长期远离家乡在外谋生，为了能够常年品尝到家乡的风味餐食，便从家乡带来厨师主理膳食，后来他们逐渐开设徽菜馆进行商业经营，以满足社会之需。1790年，第一家徽商徽馆在北京率先创立。随后，苏、浙、赣、闽、沪、鄂、湘、川等地纷纷设立徽菜馆。各地徽馆业的兴起，推动了徽菜的进一步传播与发展。

徽商行贾四方，比较容易接收新事物。他们的餐馆在经营中，不仅继承了徽菜传统烹饪技艺，将本帮的美味佳肴带到了外埠，而且注意吸收各派烹饪技艺的优点，并根据各地顾客的饮食嗜好，研制出适合当地口味的徽

◆ 徽州毛豆腐

菜新品种。如上海人喜好吃鱼头鱼尾，徽厨们便研制了红烧头尾；武汉人喜欢吃鱼中段，徽厨们便研制出红烧瓦块鱼。这使得徽菜在与其他菜系的融合中，兼收并蓄，吐故纳新，不断推动着自身的发展。

徽菜的风味特点

徽菜是由皖南、沿江和沿淮三种地方风味构成。皖南徽菜是安徽菜的主要代表，起源于黄山麓下的徽州一带，后来，转移到了名茶、徽墨等土特产品的集散中心屯溪，得到了进一步的发展。沿江菜以芜湖、安庆地区为代表，以后传到合肥地区，以烹制河鲜、家畜见长。沿淮菜以蚌埠、宿县、阜阳等地为代表，菜肴讲究咸中带辣，习惯用香菜配色和调味。

徽菜的烹调方法很为独特，讲究火功，善于烹调野味，且量大油重、朴素实惠，还注意保持原汁原味，不少菜肴都是取用木炭用小火炖煨而成，汤清味醇，端菜上席便香气四溢。徽菜选料精良，擅长于烧、炖、蒸、炒等，并具有三重特点，即重油、重酱色、重火工。重油，这是由于徽州人常年饮用含有较多矿物质的山溪泉水，再加上当地盛产茶叶，人们常年饮茶，因此需要多吃油脂，以滋润肠胃。重酱色、重火工则是为了突出菜肴的色、香、味，利用木炭小炉，小火单炖单烤，使火功到家，以保持原汁原味。

徽菜之中最为常见的名菜有金银蹄鸡、火腿炖甲鱼、淡菜炖酥腰、腌鲜鳜鱼、红烧野鸡肉、问政笋等。如金银蹄鸡，因为小火久炖，汤浓似奶，其火腿红如胭脂，蹄膀玉白，鸡色奶黄，味鲜醇芳香。徽式烧鱼方法也很独特，如红烧青鱼、红烧划水等，鲜活之鱼，不用油煎，仅以油滑锅，再加调味品，旺火急烧5分钟即成，由于水分损失少，鱼肉味鲜质嫩。徽菜还有用火腿调味的传统，制作火腿在徽州也是普及型的家庭技术，美食家们十分赞赏徽州火腿。正可谓"金华火腿在东阳，东阳火腿在徽州"。

延伸阅读

徽州毛豆腐

徽州毛豆腐也叫"霉豆腐"，是安徽特有的传统风味小吃。徽州毛豆腐制作方法比较考究，用来霉制毛豆腐的老豆腐必须选用优质的黄豆为原料制成，具有色清如雪、刀切似玉、坠地不溢的特色。先把鲜制的豆腐切成小块，一般每小块长12厘米、宽6厘米、厚3厘米，置于豆腐水中浸泡，数小时后捞起，放在竹篮或木框里，上面撒少许食盐，然后用厚布或木板盖上，置阴凉干燥处，五、六天后豆腐表面长出许许茸毛。根据茸毛的长短、颜色，可分为虎皮毛、鼠毛、兔毛和棉花毛四种。食前将毛豆腐下油锅煎熟。虎皮毛豆腐，下油锅时，毛会立起来，其色泽斑斓相间，鼠毛略带乌色，兔毛和棉花毛的豆腐，则呈金黄色。徽州毛豆腐四季皆宜，日常可见。

海纳百川的京菜

京菜即北京菜、是以北方菜为基础、兼收各地烹饪技术而形成的，菜品复杂多元，风味兼容八方，烹调手法更是丰富至极。

元明清时代，北京成为全国的政治中心，北京的饮食文化也开始繁荣起来。中国菜肴有四大风味和八大菜系之说，但其中并无北京菜，究其原因，主要在于北京菜品种复杂多元，兼容并蓄八方风味，名菜众多，难于归类。

京菜的形成

自元代之后，全国各地的风味菜开始在北京汇集、融合、发展，形成独特的京菜。同时由于皇室贵族、商贾巨富、政府官员、文人雅士在社会交往、节令礼仪及日常

◆ 北京烤鸭

餐饮的不同需要，形形色色的餐馆也开始应运而生。在明、清两代，在北京经营饭店的主要是山东人，所以山东菜在市面上居于主导地位。经过多年的熏染，许多鲁菜也融合了北京人的口味，成为北京菜的一部分。

清代，皇宫、官府和一些大户人家都雇有厨师，这些厨师来自四面八方，把中国各地的饮食文化和烹饪技艺带到北京，由此形成了具有京味特点的宫廷菜。同时北京宫廷菜也吸收了明朝宫廷菜的许多优点，尤其是康熙、乾隆两个皇帝多次下江南，对南方膳食非常欣赏，因此清宫菜点中已经吸收全国各地许多风味菜和蒙、回、满等族的风味膳食。宫廷菜中有许多都属药膳，还具有食疗作用，因此北京成为药膳的重要发展基地。

特色北京菜

在北京菜中，最具有特色的要算是烤鸭。北京烤鸭是宫廷菜的一种，风味独特，名扬四海。烤鸭原属民间的食品，早在1500多年前，在《食珍

◆ 谭家官府菜

录》一书中就有"炙鸭"之名；600多年前的一个御膳官写的《饮膳正要》中也有烧鸭子的描述，在南方苏、皖一带，小饭馆也会在砖灶上用铁叉烤鸭，名叫"叉烧鸭"或"烧鸭"。明成祖迁都北京时，将金陵（今南京）烧鸭传入北京。

北京的涮羊肉也很有名，这原是游牧民族最喜爱的菜肴，还有人称之为"蒙古火锅"，辽代墓壁画中就有众人围火锅吃涮羊肉的画面。北京涮羊肉也属宫廷御膳的一种，但民间的火锅也比较广泛，只不过宫廷之中的涮羊肉更加考究一些。涮羊肉所用的配料丰富多样，味道鲜美，其制法几乎家喻户晓。

北京的回民较多，城中开设不少清真饭馆、小吃店。清真菜以牛羊肉为主，菜式很多，是北京菜的重要组成部分。如烤肉就是清真菜的一种，它原是游牧民族的"帐篷食品"，用铁炙子烧果枝烤，先放葱丝，上面放上肉片（牛羊肉），用长竹筷不断翻烤，待肉变色烤熟即可蘸调料吃，也有先用调料将肉片拌腌后再烤的。

北京还有很多官府菜。过去北京的官府多，府中多讲求美食，并各有千秋，至今流传的潘鱼、宫保肉丁、李鸿章杂烩、左公鸡、北京白肉等都出自官府。颇有代表性的谭家菜就是出自清末翰林谭宗浚家，后由其家厨传入餐馆，称为"谭家菜"。

北京的许多特色小吃也是京菜的组成部分，这些小吃也是在借鉴其他地方小吃的基础之上，并结合自身的饮食文化创制而成的，很多都具有独特的风味。据统计，旧时北京的小吃多达200余种，且价格便宜，故与一般平民最接近。即使深居宫中的帝后，也不时以品尝各种小吃为快。

延伸阅读

北京的小吃文化

北京小吃历史悠久，经营小吃的多为贫苦的汉民和回民，或肩挑推车沿街叫卖，或摆摊于市场庙会、街头巷尾。他们有一定的叫卖声，抑扬顿挫，声声入耳，或打击响器，也有一定的音乐节奏，让人一听，便知是卖什么的。那些逛大街赶庙会的人们，碰到各色小吃，顺便看看，买点尝尝，花钱不多，图个新鲜，并不饱餐。过去北京的庙会实际多为集市，是各色小吃最集中的地方。有的定期举行，如东城的隆福寺庙会每月逢九、十开市，土地庙庙会逢三举行，逢五、六则是白塔寺庙会。也有每年固定在某个时间举行的，如厂甸、大钟寺、雍和宫、蟠桃官庙会等。除庙会外，平日小吃最集中的地方就是东安市场、鼓楼、天桥、前门外的门框胡同。

第八讲
中华饮食盛宴

中华大宴满汉全席

满汉全席是一种极具民族特色的巨型宴席，不仅突出了满族菜点特殊风味，同时又展示了汉族烹调的技艺。满汉全席既有宫廷菜肴之特色，又有地方风味之精华，实乃中华菜系文化的瑰宝。

满汉全席是中国一种集合满族和汉族饮食特色的巨型筵席，起源于清朝。满汉全席的特点是筵宴规模大，进餐程序复杂，用料珍贵，菜点丰富，料理方法兼取满汉，又有满汉大席和烧烤席之称。满汉全席由于菜品数量很大，一餐往往不能胜食，而要分作几餐，甚至分作几天用，进食的程序也很讲究隆重。

满汉全席的起源

清入关之前，满清贵族的宴席非常简单。一般宴会只是在露天空地上铺上兽皮，大家围拢一起席地而餐。如《满文老档》记："贝勒们设宴时，尚不设桌案，都席地而坐。"菜肴一般是火锅配以炖肉，皇帝出席的国宴也不过设十几桌、几十桌，也是牛、羊、猪等兽肉。清入关之后，皇家的饮

◆ 清帝的膳桌

食有了很大的变化。在六部九卿中专门设置了光禄寺卿，专司大内筵席和国家大典时宴会事宜，并很快在继承满族传统饮食方式的基础上，吸取了中原南菜(主要是苏杭菜)和北菜(山东菜)的特色，建立了较为丰富的宫廷饮食。

以后清代的筵宴开始形成定制，廷宴分为满席、汉席、奠筵、诵经供品四大类。满席分为六等，头三等是用于帝、后、妃嫔死后的奠筵，后三等主要用于三大节朝贺宴、皇帝大婚宴、赐宴各国进贡来使及下嫁外藩的公主、郡主、衍圣公来朝等。汉席分三等，主要用于临雍宴、文武会试考官出闱宴以及实录、会典等书开馆编纂日和告成日赐宴等。一等汉席肉馔鹅、鱼、鸡、鸭、猪肉等23碗，果食8碗，蒸食2碗，蔬食4碗。以后江南的官场菜开始把满席和汉席之精华集于一席，创制了举世闻名的满汉全席。由此可见，满汉全席其实并非源于宫廷，而是源于扬州的官场菜。

满汉全席的发展历程

满汉全席自扬州出现以后，随着饮食市场的发展，很快由官场步入民间，开始有了"满汉大席"之称。顾禄《桐桥倚棹录》卷十载，苏州酒楼开办满汉大席，市场之中也卖有满汉大菜。据《清稗类钞》载，"烧烤席俗称满汉大席，筵席中之无上上品也。烤，以火干之也。于燕窝、鱼翅诸珍外，必用烧猪、烧方，皆以全体烧之。酒三巡，则进烧猪，膳夫、仆人皆衣礼服而入。膳夫奉以侍，仆人解所佩之小刀脔割之，盛于器，屈膝，献首座之专客。专客起箸，筵座者始

从而尝之，典至隆也。次者用烧方。方者，豚肉一方，非全体，然较之仅有烧鸭者，犹贵重也。"

满汉全席在发展过程中也深受其他宴席的影响，因此有人称其为"一百有八品的全羊席和全鳝席"，可见这种宴席的形式极大地影响了满汉大席，以致后来的满汉全席也发展为108道菜的名目，甚至还有多达200余道菜的满汉席。此后，满汉全席还传播到许多城市。如《粤菜存真》中就记录了广州、四川两地的满汉全席谱，民国时期的《全席谱》中录有太原满汉全席，沈阳、大连、天津、开封、台湾、香港也都陆续有了各具特点的满汉全席。后来满汉全席就成为大型豪华宴席之总称。

古宴之典范孔府宴

历代孔府的主人们需要迎待圣驾，向皇宫进贡、宴请钦差大臣、接待各级祭孔官员，再加上府内的婚宴、寿宴、丧礼的需要，因此孔府饮食的讲究和精美，堪称中国古代宴席的典范。

孔府是孔子及其后人居住的地方，古代尊孔之风的盛行，使得孔府历经两千多年而不衰。孔府在古代的地位非同一般，兼具家庭和官府职能。当年孔府接待贵宾、袭爵上任、祭日、生辰、婚丧时特备的高级宴席，经过数百年不断发展，形成了一套独具风味的家宴。孔府宴礼节周全，程式严谨，是中国古代宴席的典范。

融汇百家的孔府菜

孔府菜的历史十分久远，是吸取了全国各地的烹调技艺而逐渐形成的。由于孔府主人的特殊地位，孔府菜可以广泛吸收宫廷、官府和民间烹饪技艺特点。如孔府的很多内

◆ 曲阜孔府

眷都是来自各地的官宦的大家闺秀，她们常从娘家带着厨师到孔府来。因此，各菜系的名厨相聚孔府，将烹调技艺发挥到极致，从山珍海味到瓜、果、菜、蔬都能制出美味佳肴。此后，经过孔府历代名厨的精心创制，在继承传统的基础上，着意创新，自成一格，使得孔府菜成为中国烹饪文化宝库中的一颗瑰宝。

孔府菜的命名十分讲究，菜肴的名称寓意深远，体现了孔府书香门第的风雅之气。有的取名古朴典雅，富有诗意，如"一卵孵双凤""诗礼银杏""阳关三叠""白玉无瑕""黄鹂迎春"。有的是投其所好引人入胜，如"带子上朝""玉带虾仁""珍珠海参""雪丽琥珀"。有的名称用以赞颂其家世之荣耀或表达吉祥如意，如"一品锅""一品寿桃""一品豆腐"及"福、禄、寿、喜""万寿无疆""吉祥如意""全家平安""年年有余"等。

孔府宴的等级

孔府接待的人员很多，上自皇帝、王公大臣，下至地方官员、亲朋贵戚，以及各

◆ 孔府菜常用料海参

种庆典，因此，待客宴席根据饮宴者的身份或亲疏而划分成不同规格、不同等级。据孔德懋（孔子七十七代嫡孙女）在《孔府内宅轶事》中介绍：最高级的酒席叫"孔府宴会燕菜全席"，又叫"高摆酒席"，每桌上菜130多道。这种酒席专门招待历代皇帝和钦差大臣，近代的蒋介石、顾祝同、刘峙、孔祥熙、冯玉祥等人受过此种招待。

"燕菜全席"最有特色的装饰品当属"高摆"，用糯米面做的，1尺多高，碗口粗呈圆柱形，摆在四个大银盘中，上面镶满各种细干果，形成绚丽多彩的图案，联起来就是这个酒宴的祝词。做高摆就像绣花一样，四个高摆就需要12名老厨师48小时才能完成。这种酒席还要用特制的高摆餐具，瓷

的、银的、锡的各种质地都有，都是专套定做，如果损坏一件就无法买到配齐，因此每次使用都要安排可靠的人专门照管餐具。总之，"燕菜全席"规格极高，甚为讲究。

其次就是平时寿日、节日、婚丧、祭日和接待贵宾用的"鱼翅四大件"和"海参三大件"宴席。菜肴随宴席种类确定，是什么席，首个大件就上什么。大件之后还要跟两个配伍的行件。如鱼翅四大件：开始先上八个盘（干果、鲜果各四），而后上第一个大件鱼翅，接着跟两个炒菜行件；第二个大件上鸭子大件跟两个海味行件；第三个大件上鲑鱼大件，跟两个淡菜行件；第四个大件上甘甜大件，如苹果罐子，后跟两个行菜，如冰糖银耳、糖炸鱼排。

孔门豆腐

孔门豆腐是一道典型的孔府菜。以前孔府有个姓韩的豆腐户祖祖辈辈给孔府送豆腐，有一年三伏连阴天，韩家老二做的豆腐没卖完，于是将其放在秫秸帘子上分开晾着。谁知烧火时不小心把帘子烧着了，帘子上的豆腐块连烧带熏已经变为糊黄色了。韩老二舍不得扔，就把豆腐放在盐水里煮了煮，一吃味道挺不寻常，于是他送了些豆腐到孔府让衍圣公品尝。衍圣公也觉得味道不错，于是又让厨师在煮豆腐时放了桂皮、花椒、辣椒粉等，味道就更好了。有一年，乾隆来曲阜，孔府给皇上上了一道熏豆腐，乾隆吃得十分可口，对熏豆腐大加赞赏，还给了做熏豆腐的韩老二一些奖赏，从此熏豆腐便成了曲阜特色风味名吃。

形式各异的曲江宴

唐代是中国饮食文化史上的鼎盛时期之一，各类宴会不绝，其中尤以曲江宴最为著称。曲江宴是曲江园内举办的各类宴会的通称，其中主要有宫廷盛宴、新科进士宴等形式。

唐朝时的曲江园位于长安城东南方向九公里处的曲江村，原为一片湿地池沼，景色十分秀丽。曲江园最早建于汉代，唐玄宗开元年间又对曲江园林进行了大规模修建营造，拓宽池区，在池中广植莲花，在两岸栽满奇花异草，并制作彩舟以供人们游览，还修建了紫云楼和彩霞亭等台榭楼阁。从此，曲江园成为京城一带风光最美的园林。

每到三月，曲江园都会对普通民众开放，上自帝王，下至士庶，都可以在曲江池畔举行宴会活动。那时，曲江园里处处张设宴席，皇帝贵妃们在紫云楼摆宴，高级官员在近旁的亭台设宴，翰林学士们则被特允在彩舟上畅饮，一般士庶就只能在花间草丛中设宴。曲江园林里举行的各种宴会名目繁多，有宫廷盛宴、新科进士宴、春日游宴、探春宴、裙幄宴等多种形式，通称为"曲江宴"。

◆ 春夜宴桃李园图 明 仇英

宫廷盛宴

唐玄宗时期，每年农历三月初三都在曲江园设宴，这是唐代规模最大的游宴活动。当时，不仅皇亲国戚、大小官员都可以带着妻妾、丫环、歌伎参加，还允许京城中的僧道和普通老百姓来曲江游览。一时间，万众云集，盛况空前。唐代大诗人杜甫的《丽人行》中那句"三月三日天气新，长安水边多丽人"，描写的就是这种游宴活动的场景。三月的曲江池碧波荡漾，岸边万紫千红，再加上京兆府和长安、万年两地园户们的花卉展览和商贾们展示的珠宝珍玩、奇货异物，更为这场盛宴锦上添花。

新科进士宴

在唐代，曲江边上的杏园是皇帝专门给新科进士赐宴的地方。唐中宗时，朝廷规定每年三月，在曲江为新科进士们举行一次盛大的宴会以示祝贺。此宴因取义不同，异名甚多，有关宴、杏园宴、樱桃宴、闻喜宴等。前来参加宴会的人除了新科进士们，还有主考官、公卿贵族及其家眷，有时甚至皇帝也会来观看。新科进士宴上的食品必须有樱桃，有时还有御赐的食物。宴会上，新科进士们除了拜谢恩师和考官，还要到慈恩寺大雁塔上题名留念。宴会快结束时，便从所有的新科进士中挑选出两位最年轻的才俊，骑两匹快马进入长安城内遍摘名花，被称作"探花郎"，后来科举第三名叫做"探花"即出于此。诗人孟郊考取进士时已年过四十，不能做"探花郎"了，但他仍兴致勃勃地目送两名探花郎骑着高头大马，从曲江边绝尘而去，并写下了"春风得意马蹄疾，

一日看尽长安花"的千古名句。

春日游宴

唐朝时，春日游宴是贵族子弟们的主要活动之一，也是表示他们不负春光的一种生活方式。春日融融，和风习习，花红草青，空气清新，最适合郊游野宴，难怪唐人语出惊人："握月担风且留后日，吞花卧酒不可过时。"据《开元天宝遗事》记载，长安阔少每至阳春都要结朋联党，骑着一种特有的矮马，在花树下往来穿梭，令仆从执酒皿跟随，遇上好景致则驻马而饮。还有人带上油布帐篷，以便在天阴落雨时，仍可尽兴尽欢。唐时春宴非常盛行，朝廷也很支持这种活动，官员们甚至能享受春假的优遇。

唐中期以后，军阀混战，京城长安日渐萧条，加上黄渠断流，曲江池失去了水源，渐渐干涸。从此，一度盛行于唐朝，经历了三百多个春秋的曲江宴逐渐成为历史。

延伸阅读

中国古典园林曲江园

西安的曲江是中国古代园林及建筑艺术的集大成者。秦时，在此开辟了皇家禁苑——宜春苑，并建有著名的离宫——宜春下苑。到了隋朝又倚曲江而建设了大兴城，把曲江挖成深池，并隔于城外，经过隋朝的一番改造，曲江开始以皇家园林的性质出现在历史舞台，而且得到了一个新的名称——芙蓉园。唐代则继续扩大了曲江园林的建设规模和文化内涵，使其成为首都长安城唯一的公共园林，达到了其发展史上最繁荣昌盛的时期，成为唐文化的荟萃地，唐都长安的标志性区域，也奏响了中国文化的最强音。

开明宽容的女子宴

　　探春宴与裙幄宴是唐代开元至天宝年间仕女们经常举办的两种野外设宴聚餐活动，一般选择在野外风景秀丽的地方，仕女们既可欣赏自然美景，满足审美需求，又可品尝美味佳肴，满足食欲。

　　唐代盛行探春宴与裙幄宴，参加者均为女性，有别于中国古代的其它饮宴。饮宴地点设于野外，可以使平日身居闺房的女子们一消往日的郁闷心情。女性在一起聚集饮酒，也反映了当时社会伦理对妇女们的一种宽容态度。

探春宴

　　探春宴一般在每年正月十五过后的立春与雨水二节气之间举行。据《开元天宝遗事》记载，探春宴的参加者多是官宦及富豪

◆ 调琴啜茗图（局部）唐 周昉

之家的年轻妇女。此时万物复苏，达官贵人家的女子们相约做伴，由家人用马车载帐幕、餐具、酒器及食品等，到郊外游宴。

　　女子们的游宴也分为两个部分。首先是踏青散步游玩，吮吸清新的空气，沐浴和煦的春风，观赏秀丽的山水。然后才选择合适的地点，搭起帐幕，摆设酒肴，一面行令品春（在唐代，“春”一是指一般意义的春季，二是指酒，故称饮酒为“饮春”，称品尝美酒为“品春”），一面围绕“春”字进行猜谜、讲故事，作诗联句等娱乐活动，至日暮方归。

　　此外，女子们到此游宴还有一项主要活动——斗花。所谓斗花，就是青年女子们在游园时，比赛谁佩戴的鲜花更名贵、更漂亮。为了在斗花中获胜，长安富家女子往往不惜重金去购得各种名贵花卉。当时，名花十分昂贵，非一般民众所能负担，正如白居易诗云：“一丛深色花，十户中人赋。”探春宴上，年轻女子们“争攀柳丝千千手，间插红花万万头”，成群结队地穿梭于曲江园

◆ 唐代壁画抱鸡女子

林间，争奇斗艳。

裙幄宴

在每年三月初三上巳节前后，年轻女子们便趁着明媚的春光，骑着温良驯服的矮马，带着侍从和丰盛的酒肴来到曲江池边，选择一处景致优美的地方，以草地为席，四面插上竹竿，再解下亮丽的石榴裙连接起来挂于竹竿之上，这便成了女子们临时饮宴的幕帐。这种野宴被时人称之为"裙幄宴"。

唐代女子用裙子挂于竹竿之上围成一

圈做帷幕，从现代的观点看似乎有些荒唐。其实则不然，唐代的女服必有裙、衫、披三大件，将裙脱下来之后身上还有衫和披肩。因此，唐代虽然风俗开化，但也不至于到连现代人都难以接受的地步。唐人以裙宽肥为美，一般一条裙都是用六幅帛布拼接而成，华贵的则要用到七八幅，用来做帷幕确实再合适不过了。

宴饮过程中，女子们为使游宴兴味更浓，非常考究菜肴的色、香、味、形，并追求在餐具、酒器及食盒上有所创新。这类野宴在一定程度上促进了中国古代烹调技艺、食具造型等的发展，也丰富了饮食品种。

延伸阅读

唐代女人和酒

盛唐时期，社会风气开放，不仅男人喝酒，女人也普遍饮酒。白居易在《长恨歌》中写到，"后宫佳丽三千人，三千宠爱在一身。金屋妆成娇侍夜，玉楼宴罢醉和春。"杨玉环显然喝醉了。唐代的女道士兼诗人鱼玄机也嗜好饮酒。"旦夕醉吟身，相思又此春。雨中寄书使，窗下断肠人。"她愁思绵长，为了忘却这愁思而旦夕饮酒，以酒浇愁。在她的《遗怀》一诗里这样写道："燕雀徒为贵，金银志不求。满怀春酒绿，对月夜琴幽。绕砌澄清沼，抽簪映细流，卧床书册遍，半醉起梳头。"在《寄子安》一诗中又写道："醉别千卮不浣愁，离肠百结解无由……有花时节知难遇，未肯厌厌醉玉楼。"在《夏日山居》中还写道："移得仙居此地来，花从自遍不曾栽，庭前亚树张衣桁，坐上新泉泛酒杯。"

女人丰满是当时公认的美，女人醉酒更是一种美。唐明皇李隆基特别欣赏杨玉环醉韵残妆之美，常常戏称贵妃醉态为"岂妃子醉，是海棠睡未足耳。"当时，女性化妆时，还喜欢在脸上涂上两块红红的胭脂，是那时非常流行的化妆法，叫做"酒晕妆"。

风韵别致的船宴

在中国古代，人们也经常在游船上举办宴会，不仅可以品尝船宴上的美食，还可以饱览湖光山色，或是观赏龙舟竞渡。因此，船宴是一种游乐与饮食相结合的宴会形式。

船宴就是以船为设宴场所的一种宴席形式，注重美时、美景、美味、美趣等氛围的结合，品尝起来别有一番情趣。沈朝初的《忆江南》："苏州好，载酒卷艄船。几上博山香篆细，筵前冰碗五侯鲜，稳坐到山前。"就是古人船宴游乐的极好写照。

船宴的历史

中国早在春秋时期就出现了船宴，传说吴王阖闾曾在船上举办过宴席，并将吃剩下的残余鱼脍倾入江中。到了唐代，船宴已经开始流行。唐代诗人白居易就很喜好这种宴席形式。有一次，他在船上请客，但船舱中并没有酒肴和餐具。等到中午，白居易便传唤开宴，各种菜肴立刻端了上来，客人们大感惊奇，于是出舱细观。原来白居易事先在游船周围备有很多囊袋，"悬酒炙于水中，随船而行，一物尽，则左右又进之，藏盘筵于水底也"，这是一种奇特的餐船宴。

五代时期，也有船宴的踪迹。如后蜀末代皇帝孟昶的妃子花蕊夫人有一段宫词："厨船进食簇时新，列坐无非侍从臣。日午殿头宣索脍，隔花催唤打渔人。"这里的"厨船进食"就是餐船宴。

宋代的杭州、扬州等地，还出现了商家经营的餐船，也可供人们泛舟饮宴。如南宋时西湖的餐船就很大，"约长五十余丈，中可容百余客……皆奇巧打造，雕梁画栋，行运平稳，如坐平地，无论四时，常有游玩人赁假舟中，所需器物一一毕备。游人朝登舟而饮，暮则径归，不劳余力。"

中国餐船的盛行主要是在明清时期。那时，杭州西湖、无锡太湖、扬州瘦西湖、

◆ 古代船宴图

◆ 秦淮河

南京秦淮河、苏州野芳浜以及南北大运河等水上风景区，都有专门供应游客酒食的"沙飞船"（或称"镫船"）。这种船陈设雅丽，大小不一，大者可以载客，摆三两桌席面；小者不过丈余，艄舱中有灶火，尾随可以供应酒食。

船宴的规矩

古代的船宴有一些相沿成俗的传统礼俗。游客初到船舱，坐定之后，船上的侍者先是端上茶和一些辅茶的点心，游客边品茗边品点，而后还会上几碟精巧的小炒冷盘。其间可以聊天、搓麻将、唱曲、打节拍等消遣时光。等到夕阳西坠，掌灯时分，船宴的正宴才拉开帷幕。这时才会将船上的"招牌菜"悉数端来，让游客饮博极欢，一醉方休。

席间舟女负责侍客，如贡烟、递茶、斟酒等事宜，而端菜撤盆则由厨子代劳。端菜很有讲究，上菜要从右侧上手，按冷盘、热炒、大碗的次序流水作业。船娘随时与食客、厨子两头联络。菜要一道一道地上，看菜吃至过半，则马上关照厨子速做另一道菜，吃完见底后，才撤盘换菜，人手一份不断档。因此，每道船菜上桌，都新鲜而百热沸烫。撤盆则反之，必须从左侧下手，按序而下。如果有剩菜，则要问清楚游客是弃还是留。同时，为了娱悦食客，船上还邀请民间艺人献艺助兴，雅俗共赏。

延伸阅读

清代江苏的船宴

在清代，船宴在江苏一带甚为风行。清人笔记《桐桥倚棹录》中就记录当年苏州船宴的情景："船制甚宽，艄舱有灶，酒茗肴馔，任客所指。宴舱栏楹桌椅，竞尚大理石，以紫檀红木镶嵌。门窗又多雕刻黑漆粉地书画。陈设有自鸣钟、镜屏、瓶花，位置务精。茗碗、唾壶以及杯箸肴馔，无不精洁。游宴时，歌女弹琴弄弦，清曲助兴，船行景移之中，两岸茉莉花、珠兰花浓香扑鼻，酒尚没有醉人，花香先已令人陶醉，夜宴开始，船头羊灯高悬，灯火通明，船内鬼壶劝客，行令猜枚，纵情行乐，迫至酒阑人散，剩下一堤烟月斜照。"

当时扬州的船宴形式与苏州不同，筵席设在一条船里，厨房则设在另一条船上，这条酒船载着软炊具、燃料、茶器、酒坛以及各种烹调原料，成了一个"行厨"。扬州的船宴在瘦西湖里进行。船宴的乐趣，主要是对自然环境的追求。

奢靡浪费的烧尾宴

在唐代，官场流行着一种烧尾宴，专门用于在官吏履新之时答谢同僚。其中最为有名的当属韦巨源献给唐中宗的烧尾食，从流传后世的菜品清单中，我们也可以窥见到此宴的华丽和奢侈。

从魏晋时代开始，每逢官吏升迁之时，都要举办高水平的喜庆家宴，接待前来庆贺的客人。唐代同样继承了这个传统，不仅要设宴款待前来祝贺的同僚，还要向天子献食。唐代对这种宴席还有个奇妙的称谓，叫做"烧尾宴"，或简单称为"烧尾"。这比起前代的同类宴席，更为华丽，也更为奢侈。

烧尾宴的由来

有关烧尾宴的得名，有很多说法。有人说，这是出自"鲤鱼跃龙门"的典故。传说黄河鲤鱼跳龙门，跳过去的鱼即有云雨随之，天火自后烧其尾，从而转化为龙。官吏功成名就，就如同鲤鱼烧尾，所以摆出烧尾宴来庆贺。

不过，据唐人封演所著《封氏闻见录》里专论"烧尾"一节看来，还有其他的意义。封演说道："士子初登、荣进及迁除，朋僚慰贺，必盛置酒馔音乐，以展欢宴，谓之'烧尾'。说者谓虎变为人，惟尾不化，须为焚除，乃得为成人。故以初蒙拜受，如虎得为人，本尾犹在，气体既合，方为焚之，故云'烧尾'。一云：新羊入群，乃为诸羊所触，不相亲附，火烧其尾则定。"可见，封演又记载了两种说法：一是说老虎变人，其尾犹在，烧点其尾，才能完成蜕变。

◆ 唐代宫乐图（局部）

二是说新羊入群，群羊欺生，只有将新羊的尾巴烧断，新羊才能安宁地生活。这样，烧尾就有了"烧鱼尾、虎尾、羊尾"三说。

奢侈的烧尾宴

唐代的烧尾宴奢侈至极，除了一般的喜庆家宴，还有专给皇帝献的烧尾食。在众多烧尾宴中，最为著名的一次摆于唐中宗景龙年间。关于这次烧尾宴，宋代陶谷所撰《清异录》中有详细的记载。书中说，唐中宗时，韦巨源官拜尚书令，照例要上烧尾食，他上奉中宗的宴席清单完整地保存在传家的旧书中，这就是著名的《烧尾宴食单》。食单所列名目繁多，《清异录》仅摘录了其中的一些"奇异者"，多达58款。

从这58款菜食的名称，可以窥见烧尾食宴的丰盛，也从侧面反映了唐代烹饪所达到的水平。烧尾食单所列馔品主要有单笼金乳酥(酥油饼)、曼陀样夹饼(炉烤饼)、巨胜奴(芝麻点心)、贵妃红(红酥饼)、婆罗门轻高面(笼蒸饼)、御黄王母饭(盖浇黄米饭)、七返膏(蒸糕)、金铃炙(酥油烤饼)、火明虾炙(煎鲜虾)、通花软牛肠(牛肉香肠)、生进二十四气馄饨(二十四种馅料生馄饨)、生进鸭花汤饼(面片)、同心生结脯(风干肉)、见风消(油炸糕)、冷蟾儿羹(蛤蜊肉汤)、唐安餤(唐安盒子饼)、金银夹花平截(蟹黄点心)、水晶龙凤糕(枣糕)、天花饆饠(手抓饭)、赐绯含香粽子"(蜜淋)、白龙腥(鳜鱼片羹)、葱醋鸡、红羊枝杖(烤全羊)、八仙盘(剔骨鸡八只)、分装蒸腊熊(蒸熊肉干)、暖寒花酿驴蒸(烂蒸糟驴肉)、水炼犊(清炖小牛肉)、缠花云梦肉(云梦肘花)、遍地锦装鳖

◆ 唐舞马衔杯银壶

(清炖甲鱼)、汤浴绣丸(浇汁大肉丸)等。这些名称奇特的馔品，如果当时记录时没有注解，现在将很难考证其究竟指的是什么馔品。当然，只是记载了韦巨源烧尾宴中的"奇食"，如果加上一些常规茶点，将不下百种。

唐代除了拜得高官者要给皇上烧尾，一些没有机会做官的皇室公主们，也仿效烧尾的模式，寻找机会给皇上献食，以求取恩宠。

延伸阅读

拒献烧尾宴的苏瑰

烧尾宴的风习是从唐中宗景龙(707-709年)时期开始的，唐玄宗开元年间停止，仅仅流行20年。烧尾宴极其奢华浪费，在当时的官场已经形成了风气，唐代的士子登科或官位升迁都要向皇上进献烧尾宴。但也有例外，如苏瑰被封为尚书右仆射兼中书门下三品，进封许国公后，却偏偏不向唐中宗进献烧尾宴。当时，百官嘲笑，甚至有人为他能否保住乌纱帽而担忧。苏瑰不但没有恐惧，反而直接向中宗进谏："现在米粮昂贵，百姓们连饭都吃不饱，还办什么烧尾宴？"中宗听后只好作罢。

丰富实惠的洛阳水席

洛阳水席最初来自民间饮食，是洛阳一带特有的传统名吃，酸辣味殊，清爽利口。唐代武则天时，将洛阳水席加上山珍海味制成宫廷宴席。之后洛阳水席又从宫廷传回民间，形成特有的风味。

洛阳水席起源于洛阳。因为洛阳气候干燥寒冷，民间饮食偏重于汤类。这里的人们习惯使用当地出产的淀粉、莲菜、山药、萝卜、白菜等，制作经济实惠、汤水丰盛的宴席，就连王公贵戚也习惯把主副食品放在一起烹制，久而久之便逐步创造出了极富地方特色的洛阳水席。洛阳水席风味特别，誉满全国，与龙门石窟、洛阳牡丹并称"洛阳三绝"。

武则天与水席

武则天登基之后，国家逐渐趋于稳定，经济也有所发展。但是均田制的破坏，使得大批农民离开了土地，社会矛盾又日渐尖锐化，统治阶层内部争权夺利越来越厉害。身为一国之君的武则天，为了治理好这个国家，多次离开长安到外地巡察了解民情。其中有一次，她到洛阳巡察时，还设下了水席大宴文武群臣，随后洛阳水席成了宫廷宴席。

洛阳水席的头道大菜"燕菜"还与武则天有一定的渊源。"燕菜"其实就是用大白萝卜为主料制作而成的。为何普通的萝卜能够登上如此的大宴呢？原来有一年秋天，

洛阳东部的土地里长出一棵3尺多长的巨型萝卜，民间就把该萝卜以吉祥物进献女皇。武则天非常高兴，特命厨师做菜。厨子明知萝卜平常，却又不敢违旨，便着实动了

◆ 则天皇后像

一番脑筋：把萝卜进行精细加工处理，多配名贵的海味山珍后做成一道羹肴送到女皇面前。武则天入口果然感到鲜美无比，风味独特。她重赏了御厨，并赐名为"假燕菜"，可与"燕窝菜"同列首席。后来人们把"假燕菜"改为"洛阳燕菜"。时隔几百年，洛阳燕菜名气越来越大，成为水席之首。

◆ 洛阳水席

洛阳水席的上菜程序

洛阳水席有非常严格的规定，24道菜不多不少，8个凉菜、16个热菜不能有丝毫偏差。16个热菜中又分为大件、中件和压桌菜，名称讲究，上菜顺序也非常严格。水席中的8个冷盘分为4荤4素，冷盘拼成的花鸟图案色彩鲜艳，构思别致。水席首先以色取胜，客人一览席面，未曾动筷，就会食欲大振。冷菜过后，接着是16个热菜，依次上桌。上热菜时，大件和中件搭配成组，也就是一个大菜，要和两个略小的中菜配成一组。一组一组上，味道齐全，丰富实惠。

在水席上，爱吃冷食的人可以找到适合自己的凉菜。爱吃酸辣菜的人，水席菜能让人辣得冒汗，酸得生津。有人喜食甜食，水席菜足以让人吃得可口，吃得惬意。如果有人爱吃荤菜，席面上山珍海味、飞禽走兽应有尽有，完全可以饱了口福。不愿吃荤，想吃素菜，以普通蔬菜为原料的素菜粗菜细作，清爽利口。水席独到之处是汤水多，赴宴人菜、汤交替食用，能使人感到肠胃舒

适，菜多不腻。等到鸡蛋汤上桌，表示24道菜已全部上完。

可见，洛阳水席有荤有素，有汤有水，味道多样，适应不同口味的食客，深受人们的欢迎，因而长盛不衰，古今驰名。

延伸阅读

洛阳水席的传说

关于洛阳水席的缘起，民间还有一个传说。相传唐代袁天罡早年夜观天象，知道武则天将来要当皇帝，但是天机又不可泄露，于是他就在洛阳设计了这个大宴。洛阳水席的菜序是前八品（冷盘）、四镇桌、八大件、四扫尾，共二十四道菜，这正应了武则天从永隆元年总揽朝政，到神龙元年病逝洛阳上阳官的二十四年。

风格独特的全鸭宴

全鸭宴是以填鸭为主料烹制而成的各类鸭菜所组成的宴席，由北京全聚德烤鸭店首创，一席之上，除烤鸭之外，还有用鸭的舌、脑、心、肝、胗、胰、肠、脯、翅、掌等为主料烹制的不同菜肴。

北京全聚德烤鸭店原来以经营挂炉烤鸭为主，后来围绕烤鸭创制推出了一些鸭菜。早年间全聚德的鸭菜摆席一般只有芥末鸭掌、盐水鸭肝、麻辣膀翅等五六道冷荤。如热菜第一道是汤菜烩鸭四宝，第二道是炸菜炸鸭胗肝，然后就是糟溜三白、芜爆鸭心等为数不多的鸭菜。此后，全聚德鸭菜的品种日益增多，经历代名厨的潜心研究，最终形成了以芥茉鸭掌、火燎鸭心、烩鸭四宝、芙蓉梅花鸭舌、鸭包鱼翅等为代表的"全聚德全鸭席"。

全鸭宴的菜品

全聚德的全鸭席一共有百余种菜肴可以搭配选择，上菜程序比较讲究。一般是先上下酒的冷碟，如芥末拌鸭掌、酱鸭膀、卤鸭胗、盐水鸭肝、水晶鸭舌、五香鸭等。接着上四个大菜，如鸭包鱼翅、鸭蓉鲍鱼盒、珠聊鸭脯、北京鸭卷等。再来上四个炒菜，如清炒胗肝、糟熘鸭三白、火燎鸭心、芜爆鸭胰之类。随后上一个烩菜，如烩鸭四宝

◆ 火燎鸭心

◆ 北京前门全聚德烤鸭店

（即胰、舌、掌、腰）、烩鸭舌等。然后上一个素菜，如鸭汁双菜、翡翠丝瓜之类。上素菜的目的，在于清口，为品尝烤鸭作准备。待服务人员端上烤鸭给客人过目后，当场片鸭给顾客享用。食罢烤鸭，再上一个汤菜，通常是鸭骨奶汤；一个甜菜，如拔丝苹果之类；几碟精美细点，如鸭子酥、口蘑鸭丁包、鸭丝春卷、盘丝鸭油饼等；以及小米粥。最后上水果，全鸭席至此结束。如今，全聚德全鸭席早已驰名中外，为外国元首、政府官员、社会各界人士及国内外游客所喜爱，成为中华民族饮食文化的精品。

火燎鸭心的创制

火燎鸭心是全鸭宴之中的亮点，其创制过程也很有趣。早年间，全聚德的热菜很简单，客人来全聚德多是为了吃烤鸭。每次从鸭子身上取下的鸭心、鸭肝等内脏零碎儿都被放在一个大盆子里。攒多了以后，厨房的帮手就把这些零碎儿用盐水煮一煮，到天桥上卖给穷苦人。有一天，一个厨师在煮鸭心时不小心让一块鸭心掉在了炉台火眼旁，鸭心被火熏烤了一下，立即冒出了香味儿来。于是厨师用火钩子把这块已经烤熟的鸭

心钩出来，好奇地掰了一块放在嘴里尝，味道醇香，但是还有点偏白。于是厨师就在上面蘸了点盐，这下味道就完全不一样了，非常好吃。全聚德的厨艺师经过多次实践，创制了这道火燎鸭心。

火燎鸭心原料十分讲究，鸭心必须是当天宰杀的鸭子的，而且越新鲜越好，事先把鸭心改刀从中刳开竖纹，顺切后用茅台酒、酱油等作料喂好。炸的时候特讲究，油锅里的油要到似着不着的火候，鸭心猛地放进去，一烹火光冲天，打四五下就赶紧起锅。成菜之后，一个个鸭心呈伞状，吃到嘴里，咸鲜可口，酒香醇厚。如今，火燎鸭心已经成为全聚德的招牌菜，在全鸭宴的百余道菜品之中名列前茅。

延伸阅读

"全聚德"品牌的由来

"全聚德"的创始人是杨全仁。杨全仁初到北京时在前门外做生鸡鸭买卖，他精于贩鸭之道，生意越做越红火，不久他买下了一家濒临破产的"德聚全"干果铺。之后杨全仁便请来一位风水先生商议店铺的新名号。风水先生围着店铺转了两圈说："这真是一块风水宝地啊！您看这店铺两边的两条小胡同，就像两根轿杆儿，将来盖起一座楼房，便如同一顶八抬大轿，前程不可限量！"但是风水先生眼珠一转，又说："不过，以前这间店铺甚为倒运，晦气难除。除非将其'德聚全'的旧字号倒过来，称'全聚德'，方可冲其霉运，踏上坦途。"风水先生一席话，说得杨全仁眉开眼笑。"全聚德"这个名称正和他的心意，一来他的名字中占有一个"全"字，二来"聚德"就是聚拢德行，可以标榜自己做买卖讲德行。于是他将店的名号定为"全聚德"。

第九讲
中华食品文化

古风犹存的汤文化

汤作为一种美味的载体，在中国的饮食文化中显示出耀眼的光辉。在历代食客和文人的努力下，中国的汤羹已扩展为一种文化现象进入了社交、礼俗和文学的视域。

在古代，汤也被称为"羹"。最初的汤只是单纯的水煮载体，后来才逐渐演变成一种液态食品，这才是真正意义上的汤，这个过程也体现了古代烹饪技术的进步。

汤羹发展史

在菜肴并不丰盛、烹饪技能并不完美的上古时代，汤羹成了佐饭的最佳选择。如《礼记》中讲"羹之与饭是食之主，故诸侯以下无等差也，此谓每日常食。"上古时代的进餐仪式中也明确规定了汤羹的摆放位置，如《礼记》中记载："凡进食之礼，左肴右馔，食居人之左，羹居人之右。"

◆ 野菌老鸭汤

秦汉朝时，汤羹品类已很丰富。《后汉书》中不仅描述了富裕者吃肉羹的场面，还记载了贫贱者食用菜羹的情况。这些史料反映了汉朝人羹食的普遍性。马王堆汉墓出土了一批竹简菜单和随葬汤羹，也展示了2000多年前的汤羹文化。

魏晋以后，汤羹品种与日俱增，不但入汤原料增多，烹调技艺升华，而且还渗透了很强的人文色彩。除传统的肉羹和菜羹之外，又相继推出鱼羹、甜羹等。贾思勰的《齐民要术》记载了北方流行的各种汤羹，并对前代的汤羹做了扼要的记录和总结，可见，当时的汤羹烹调技术已经非常到位。

唐宋以后，汤羹向高档和低档两个方向发展。如《独异志》记载："武宗朝宰相李德裕，奢侈极，每食一杯羹，费钱约三万。"这是高档汤羹的典型代表。对生活清贫的百姓而言，菜羹仍是其主要食馔。总之，自从汤羹生成之日起，中华饮食园地中就始终散发着汤羹的芳香。

羹汤礼仪

古人解读烹饪技艺，总要把汤羹摆在

◆ 鸡汤芙蓉羹

一个显著的位置，并以调鼎的方式来展示羹的魅力。其中"鼎"是加工汤羹的炊具，"调"是烹饪汤羹的手法，二者合一，则可以产生特殊效应。如《史记》之中就记载了商汤初期，名士伊尹将调鼎的道理比拟于国事，向皇帝纳谏。可见羹汤的意义已超越烹饪的范畴。后来，人们为了表示对来客的尊敬，往往亲自动手调鼎，并将调好五味的羹送到客人面前，就连天子帝王赏赐大臣，也以这种方式来表达心愿。由此可见，在中国古代调羹逐渐发展成为一种敬重来宾的礼仪文化。

羹汤文学

古代的美味汤羹曾令许多名人为之留恋，名人的巨大效应也使得一些传统汤羹闻名天下。从此，汤羹开始从肴馔进入文化领地。古代学子为了表示自己的生活清贫与品格清雅，常以"藜羹"为标识而自立，意在承袭先哲。可见，藜羹不仅是一种普通的汤食，更代表了一种气节和文化。

另据《晋书·张翰传》记载："翰因见秋风起，乃思吴中菰菜、莼羹、鲈鱼脍"，以后人们每食莼羹，必以张翰为榜样，抒发内心情怀。可见，莼羹也演变成一种怀念家乡、不图功利的文化表象。为此，很多文人为此写诗作赋，如宋人徐似道的《莼羹》："千里莼丝未下盐，北游谁复话江南。可怜一箸秋风味，错被旁人苦未参。"直到今天，江浙一带食及药羹，仍然保留着一种古老的情结。

此外，许多名人还自制汤羹，留给后人的不仅是一碗汤品，同时也留下了千年的文雅之风。如著名的"东坡羹"就由苏轼创作，并在食界引起强烈震撼。其实，东坡羹只不过是一种很普通的菜羹，但经过苏轼之手来烹调，则展现一种特殊的韵味。自此羹面世以后，文人雅士积极响应，模仿制作此羹，还用诗词的形式加以歌咏。

延伸阅读

陆游甜羹

中国古代流行一种甜羹，是由中国南宋诗人陆游亲手烹制的，并且还以诗词的形式对其进行颂咏，从而使得这款汤羹注入了名家印迹，人称"陆游甜羹"。《剑南诗稿》中有陆游《甜羹》诗题，其诗有云："老住湖边一把茅，时沽村酒具山肴。年来传得甜羹法，更为吴酸作解嘲。"同书卷还有陆游的另一首《甜羹》诗："山厨薪桂软炊粳，旋洗香蔬手自烹。从此八珍俱避舍，天苏陀味属甜羹。"由此可以看出，凡是名人手烹的汤羹，总是笼罩着一种耀眼的文化光环。

丰富多彩的粥文化

> 中国的粥起源很早，食粥不仅是百姓充饥的重要手段，也是统治阶级的养生之举。在整个古代社会，粥便在果腹与养生两条道路上并行发展，而且融进了中国的历史与文化，形成了具有中华特色的粥文化。

中国是世界文明的美食大国。在有文字记载的4000多年中，粥始终跟随着历史的脚步。最早见于文字的"粥"是在周朝："黄帝始烹谷为粥"。接下来的几千年，粥文化一直绵延不绝。

粥的养生文化

中国的粥在4000年前主要是食用，2500年前开始作药用。由于中国历代医家都十分重视饮食对防病治病的养生作用，因而形成了中国独特的食疗法，而药粥则是其十分重要的一支。《史记·仓公列传》中就有名医淳于意以粥治病的故事。长沙马王堆汉墓有14种医学方技，其中有以服食青粱米粥治疗蛇伤的药粥方，堪称中国最早的药粥方。而后《伤寒论》《千金要方》《本草纲目》等药书也记载了粥的药用价值。

秦汉时期，粥的食用、药用功能开始高度融合，从而进入了带有人文色彩的养生层次。当时的医学家认为，粥甘温无毒，有利小便、止烦渴、养脾胃、益气调中等功效。因此，王公贵族将粥视为养生之宝。宋代苏东坡有书帖曰："夜饥甚，吴子野劝食白粥，云能推陈致新，利隔益胃。粥既快美，粥后一觉，妙不可言。"南宋著名诗人陆游曾作《粥食》诗一首："世人个个学长年，不悟长年在目前。我得宛丘平易法，只将食粥致神仙。"从而将世人对粥的认识提高到了一个新的境界。

粥的礼节文化

饮粥是中国饮食中的普遍现象，它曾是权势的代表，也曾是贫穷的象征。帝王将相、达官贵人食粥以调剂胃口、延年养生；穷苦贫困之人食粥以果腹充饥，节约开支。

◆ 皮蛋瘦肉粥

◆ 牡蛎养生粥

早在3000年前的西周，粥就被列为王公大臣的"六饮"之一。相传三国时曹操喜爱喝粥，还以辽东特产的红粱做粥赏赐臣僚。粥作为御品恩赐臣属之风延续至唐代，唐穆宗时，白居易因才华出众，得到皇帝御赐的"防风粥"，七日之后仍觉得口齿留香，这在当时是一种难得的荣耀。宋元时每年的十二月八日，宫中照例会赐粥予百官，粥的花色越多，代表其所受的恩宠越浩大。清朝时，雍和宫中仍有定点熬制腊八粥的惯例。

此外，在中国古代，许多传统节日还有食粥之俗，如每年正月十五有以膏粥（以油膏加于豆粥之上）祭祀门神和蚕神之俗；在寒食节有食冷粥以纪念介之推之俗；每年腊月二十五有合家吃"口数粥"以驱疫鬼、祈求万福（其意义相当于今天的年夜饭）之俗。

粥的人文内涵

从古至今，中国粥的品种、类别有很多，各地食粥风俗也是千姿百态。但从文化学的角度看，饮食习惯差异是由文化内涵决定的，而不同性情的人会形成不同的文化内涵。南方的粥绵软细腻，花色繁多，凡是能做菜的物品都可以入粥，小火慢慢熬制，香气四溢，用青花小瓷碗盛，配以清淡的小菜，再一点点细吸下去，是一种婉约到了极致的风情。北方的粥则略显粗放，多用五谷杂粮，熬煮过程相对简单，盛粥的器具常为厚重结实的海碗，而粥本身多有清汤。由此可见，粥如其人，南方的粥中蕴含着江南女子的温婉细致，而北方的粥又彰显了北方汉子的豪放大气。

延伸阅读

中国古代的药粥处方

自秦汉以来，中国历代医书对药粥均有详尽而系统的记载。唐代的《食医心鉴》共收药粥57方；宋代《太平圣惠方》共收药粥129方，《脾胃论》的创始人、金元四大家之一的李东垣在其《食物本草》中，专门介绍了28个最常用的药粥方，明代李时珍在《本草纲目》中选载了药粥62方，分别指出粥具有健脾、开胃、补气、宁神、清心、养血等功效。另外，有些记载粥方的医药典籍，还列出药名、药汤煮粥法、粥兑药汁法等。据不完全统计，中国医学史籍、文学、地方志中记载的药粥方已有上千种。其中清代黄云鹄所著的《粥谱》一书，共收载粥方247个，是目前所发现的记载粥方最多的一份资料。可见，药粥也是中医食疗的一支正规军，在人类与疾病作斗争的漫长历史中，自始至终发挥着极其重要的作用。

源远流长的豆腐文化

豆腐为中国人所发明，通过数千年的衍化，融入包容万象的哲理，也演绎出源远流长的豆腐文化。它涵盖了中华民族的人格精神，对中国文化起到了传承和保存的作用。

豆腐在古代称其为"小宰羊、软玉、藜祁、犁祁、豆脯、来其、寂乳"等。此外，豆腐还有"没骨肉、鬼食"等异称。中国人首开食用豆腐之先河，在人类饮食史上树立了不朽的丰功伟绩。

豆腐史话

豆腐是中国人发明的一种食品，它的历史十分久远。最早的文字记载见于五代陶谷所撰《清异录》中。李时珍的《本草纲目》、叶子奇的《草目子》等著作中还有豆腐始于汉代淮南王刘安的记载。此外，还有周代说、战国说、汉代说等不同说法。考古学界有人认为，在河南富县打虎山汉墓发现

◆ 豆腐

的画像石有制豆腐的全过程图，据此可以推断汉代已经出现了豆腐的加工工艺。因此，豆腐最迟当系汉代创制。

到了宋代，豆腐已经在民间得以普及，开始出现在一些食谱之中。如司膳内人《玉食批》"生豆腐百宜羹"，《山家清供》"东坡豆腐"，《混水燕谈录》"厚朴烧豆腐"，《老学庵笔记》"蜜渍豆腐"等。同时还出现了赞颂豆腐的诗文，如袁枚说"豆腐得味胜燕窝"。元明期间，豆腐生产不仅遍及全国各地，还传到了日本、印度尼西亚等地，清代甚至传到了欧洲一带。如今豆腐因为口感柔润，营养丰富，成为人人喜爱的食品。

豆腐诗词

自唐以来，很多诗人文豪都曾留下了题咏豆腐的诗词。唐诗中有"旋乾磨上流琼液，煮月锅中滚雪花"的诗句，南宋爱国诗人陆游曾咏道："拭磨推碾转，洗釜煮黎祁"。宋朝著名学者朱熹诗云："种豆豆苗稀，力竭心已苦，早知情有术，安坐获帛布。"描述了豆农的辛苦劳累，希望他们把

◆ 淮南王刘安

大豆加工成豆腐，以便获得更多的经济效益。元代有一首咏豆腐的长诗，其中一段写豆腐的制作过程：“戎菽来南山，清漪洗浮埃。转身一旋磨，流膏入盆来。大釜气浮浮，小眼汤徊徊。倾待晴浪翻，坐见雪华皑。青盐化液卤，绛蜡窜烟煤。霍霍磨昆吾，白玉大片裁。烹前适我口，不畏老齿摧。”这首诗形象、精炼地描绘了豆腐制作的全过程。明代诗人苏秉衡曾赞美道：“使得淮南术最佳，皮肤褪尽见精华，一轮磨上流琼液，百沸汤中滚雪花……”。清代诗人李调元的《童山诗选》对豆腐及豆腐制品的描述更为动人，更给人以美的享受，诗云：“家用为宜客非用，舍家高会命相依。石膏化后浓如酪，水沫挑成皱成衣……近来腐价高于肉，只恐贫人不救饥。不须玉豆与金笾，味比佳肴尽可捐”。

豆腐俗语

在中国民俗中流传不少与豆腐有关的俗语，形成了别具特色的豆腐文化。人们常用“刀子嘴，豆腐心”来形容那些说话强硬尖刻但心肠和善慈软的人，也用对比的手法鲜明地突出了豆腐“软”的特性。人们甚至用豆腐指代具有软性的一切事物，如“豆腐补锅——不牢靠”，“豆腐垫鞋底——踏就软”，“豆腐做匕首——软刀子”等。小葱拌豆腐——清二白”含义丰富，既可以用来表示清楚明白、毫不含混，也可表示人与人的关系明白。“小葱拌豆腐——清二白”在中国还有着其他俗语所没有的深刻内涵，不仅被不同文化层次的人使用，而且所强调的语义内容几乎成了整个中华民族人格的象征。

可见，豆腐文化触及人们生活的每一个角落，是人民群众社会生活经验的总结，表现出了非常强烈的民族特性。

延伸阅读

小说、散文中的豆腐

在中国近代文学史上，豆腐也成为许多小说、散文中的得意之笔。鲁迅在小说《故乡》中对“豆腐西施”的描写更是出神入化、感人至极。作家老舍在《骆驼祥子》中就有大量祥子吃豆腐的描绘，如“歇了老大半天，他（祥子）到桥头去吃了碗老豆腐，醋、酱油、花椒油、韭菜末，被热的雪白的豆腐一烫，发出香美之味，香得祥子要闭住气”。浩然在长篇小说《艳阳天》中写下的食豆腐的场面也非常生动，如“有的结伴，在一起吃着炒鲜豆角或者烟粉皮烩豆腐，一边‘吱儿顺’地喝着酒”。由此可见，豆腐已俨然成为文学作品中描写环境与人物的必备之物。

老少皆宜的面条文化

面条历史悠久、常年不衰，制法随意、吃法多样、省工便捷、经济实惠，是可口开胃的理想快餐，而且人们在其身上寄托了无限情思，从而形成了具有中国特色的面条文化。

面条是一种非常古老的食物，它起源于中国，其形状为长条形，花样却举不胜举，制面方法之多也令人叹为观止，可擀、可削、可拨、可抿、可擦、可压、可搓、可漏、可拉。面条既属经济饱肚的主食，还可作登大雅之堂的上佳美食。

面条史话

面条历史久远，古时又叫"汤饼、煮饼、水瘦饼、水引、汤面"，在东汉年间已有记载。如刘熙《释名·释饮食》说："饼，并也……蒸饼、汤饼……之属，皆随形而名之也。"但当时的"汤饼"并不是"饼"，实际是一种"片儿汤"，制作时将面擀成片状，一手托面片"团"，一手往汤锅里撕片。现在北方有的地方把这种面条称作"揪面片"。

到了北魏时期，人们不再用手托面片"团"，而是用案板、杖、刀等工具，将面团拼薄后再切成细条，这就是最早的面条。面食的大量出现和推广则在唐代。由于当时经济繁荣，扩大了小麦的种植面积，而且对小麦制粉技术进行了革新，先用人力或畜力推动石臼加工面粉，后用水车转动碾磨，从而降低了面粉的价格，使一般人也有条件食用面食，促进了面食的发展。

宋代，"面条"一词才开始正式通用，各种面条随之问世，如鸡丝面、三鲜面、鳝鱼面、羊肉面等，并普及整个中国。孟元老《东京梦华录》"食店"条目有"面"字的面食类，有生软面、桐皮面、插肉面等。此

◆ 老北京炸酱面

后，南宋出现"拉面"，元代出现了可以长期保存的挂面，明代又出现了技艺高超的抻面。这些制面技艺的出现都为面条的发展做出了重大贡献，面条由此遍及全国。

◆ 四川担担面

面食到了清朝已经发展成熟，此时出现了五香面、八珍面以及耐保存的伊府面（方便面的前身）。更为重要的是，各个地区也形成了独特风味的面条，如中国五大名面：四川担担面、两广伊府面、北方炸酱面、山西刀削面及武汉热干面。晚清中外文化的交流与发展，更令中国的面条文化大放异彩。

面条礼俗

面条不仅是果腹充饥之物，而随着历史的发展逐渐融入到人们的生活礼俗之中，从而具有了一定的文化意义。如中国的很多面条的背后都有不同意义和故事，最为典型的就是长寿面。面条细长的形态寓意着长命百岁，故中国人每逢生辰都必吃此面以图吉祥之兆。吃长寿面还象征新生男婴长命百岁，这种世俗也一直沿袭到今天。长寿面的

吃法也很讲究，吃面时要将一整条面一次过吞下，既不可以筷子夹断，也不可以口咬断之。吃长寿面也有敬老之意。相传黄帝于冬至当日得道成仙，自此以后的每一个冬至都以吃长寿面代表敬老，所以长寿面又称"冬至面"。此外，福州面线也有很多礼俗。据民间传说，面线是九天玄女为母亲王母娘娘祝寿而准备的贺礼，因而做面线的人家中都会供奉九天玄女的神像。

可见，中国很多的民间风俗都离不开面条：结婚时送予女方的面条叫"喜面"、孕妇于产期吃的面条称"福面"、相赠亲友的面条则是"太平面"，僧侣和尼姑吃的面叫"素斋面"，甚至老弱及病者吃的面线会被称为"健康面"。

延伸阅读

中国各地的代表面种

中国面条的种类数以千计，遍及各地。论地域划分，较为著名的有北京炸酱面、北京打卤面、北京龙须面、山东福山拉面、蓬莱小面、上海的阳春面、西安的臊子面、山西的刀削面、兰州的清汤牛肉面、武汉的热干面、四川的担担面、广州的云吞面、台湾的度小月子担仔面等。随着饮食文化的不断提高，尤其是近十几年来面食大有南北融合之势，地域划分日渐模糊。但中国面食在继承传统技艺的基础上又有很多新的突破，如起源于宋代的四川银丝面、始于清朝道光年间的湖北鱼面、湖南怀化向矮子的原汤面、还有福州的线面、扬州的裙带面、山东的百合面、吉林延边的狗肉冷面等都有了新的特点。

第九讲 中华食品文化

167

风韵独特的饺子文化

饺子是中国人发明的,吃饺子是中国的一种民间习俗,逢年过节之时更是不可或缺。饺子在百姓心目中扎下了根,成为中国饮食文化的象征。

相传饺子是东汉末年著名医学家张仲景发明的,距今已有1800多年的历史了,是深受中国人民喜爱的传统特色食品。由于历史、地理、习俗的不同,对饺子的称呼也多有不同,如馄饨、扁食、角子和饽饽等。

饺子史话

据说,医圣张仲景辞官回乡,当时正值冬至,他看见南洋的老百姓饥寒交迫,两只耳朵均已冻伤,便在当地搭了一个医棚,支起一口大锅,煎熬羊肉、辣椒和祛寒提热

◆ 唐代墓葬中出土的饺子

的药材,用面皮包成耳朵形状,煮熟之后连汤带食赠送给穷人。老百姓从冬至吃到除夕,抵御了伤寒,治好了冻耳。从此乡里人及后人皆模仿制作这种食物。

到了唐代,饺子已经变得和现在的饺子几乎一样,而且是捞出来放在盘子里单个吃。如在中国新疆吐鲁番出土的一座唐代墓葬里,遗有5厘米长的小麦面制作的半月形饺子,这一发现充分说明了在唐代已有吃饺子的习俗。

宋代称饺子为"角子",它是后世"饺子"一词的词源。根据《东京梦华录》记载,当时的东京汴梁就有水晶角子、煎角子和官府食用的双下驼峰角子。元朝称饺子为"扁食"。如忽思慧的《饮膳正要》记载撇列角儿、漱萝角儿等。所有这些"角子""角儿"都是今日饺子的前身。

饺子品种从明、清时代开始与日俱增,出现了诸如"饺儿""水点心""煮饽饽"等有关饺子的新的称谓。这说明饺子

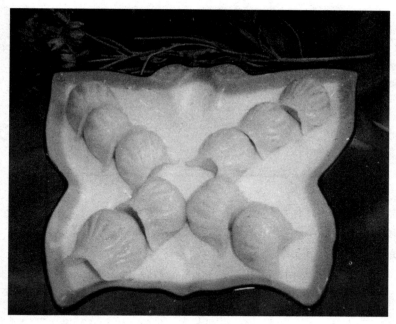

◆ 水晶虾饺

上12点以前包好，待到半夜子时吃，这时正是农历正月初一伊始，吃饺子取"更岁交子"之意，"子"为"子时"，交与"饺"谐音，有"喜庆团圆"和"吉祥如意"的意思。有些地区的人家在吃饺子的同时，还要配些副食以示吉利。如吃豆腐，象征全家幸福；吃柿饼，象征事事如意；吃三鲜菜，象征三阳开泰等。

流传的地域在不断扩大，已经在长城内外、大江南北得以普及，它的加工技法也有煮、蒸、煎、炸等多种，其馅料更是多得难以详述。

饺子习俗

据明、清史料记载，"元旦子时，盛馔周享，各食扁食，名角子，取更岁交子之意"。当时饺子已由一般食品上升为节日食品，人们吃饺子已有辞旧迎新、富贵吉祥之意。

大年三十包的饺子更是中国民间过年最为重要的内容之一，三十的饺子还有了许多规矩和习俗。如人们在包饺子时，常将金如意、糖、花生、枣和栗子等包进馅里。吃到如意、吃到糖的人，来年的日子更甜美，吃到花生的人将健康长寿，吃到枣和栗子的人将早生贵子。而且饺子一般要在年三十晚

延伸阅读

饺子的各种折叠法

波饺：取饺皮一张于掌心，放入适量馅将饺皮对折封口成半圆形，食指稍过拇指前捏，食指微微将饺皮往前推出褶折，重复褶折直推至右端顶处放手，这样一只波饺就完成了。

蛤蜊饺：取饺皮一张于掌心，放入适量馅，将饺皮对折并将两侧往里折，将对折的边捏牢，并将两边折起来的口捏牢，右手拇指按捏住右顶端角，将之捏薄，将变薄的顶端往下按，连续向下按捏形成绞边纹直至左端一个蛤蜊形水饺出现了。

元宝饺：取饺皮一张于掌心，放入适量馅，对折成半圆形，捏牢中间将右半边饺皮封口，同样将左半边饺皮也封口，将饺皮封牢，然后把饺子两端向中间弯拢，将两端饺边相互捏牢，使半圆形的边微微向上翘。

派系林立的点心文化

中国点心经过劳动人民的长期实践和数千年的衍化，品种日渐丰富，还融入了很多文化因素，从而形成了各种派系文化，如京派糕点文化、苏派糕点文化等。

点心是中国人饮食生活中不可缺少的食品。传说北宋女英雄梁红玉击鼓退金兵时，见将士们日夜浴血奋战，英勇杀敌，屡建功勋，很受感动。于是，命令部属烘制各种民间喜爱的糕饼送往前线慰劳将士，以表"点点心意"。从此，"点心"一词便出现了，并沿袭至今。

点心史话

在中国历史上，关于点心的最早文字记载见于南宋时期。当时的文学家吴曾在《能改斋漫录卷一事始》中写道："世俗例，以早晨小食为点心，自唐时已有此语。"可见，"点心"之名始于唐朝，而且他还称点心为"世俗例"，可见当时的点心以具雏形。此外，他还记载了一件轶事："按唐郑参为江淮留守，家人备夫人晨馔。夫人顾其弟曰：'治妆未毕，我未及餐，尔且可点心。'"意思是，唐代统辖江苏、安徽的官宦郑家，早饭还未开，正在梳妆打扮的郑夫人怕弟

弟饿，便叫他吃点儿点心。这说明唐宋时期的点心已较为普遍。随着唐代甘蔗的广泛栽培和砂糖的大量生产，加上波斯制糖技术的传入，为点心的开发和普及提供了良好的发展条件。从此，点心开始进入了的蓬勃发展期。

京式糕点文化

北京糕点的形成与唐代以后饮茶之风

◆ 白果和枣泥饼

有关，因为糕点是重要的佐茶食品。元代太医忽思慧在《饮膳正要》中也记述了大量的元代茶食，经考证很多都属于点心。可见，北京的饮茶之风也在客观上促进了京城糕点业的发展。尤其是明成祖朱棣迁都北京后，各式南味糕点开始出现在北京的街头，市井中也多了"南果铺"一行。随后的满人入京，又带来了满蒙糕点。京式糕点就在借鉴和融合多种糕点流派的基础之上形成而久负盛名。

清代文献中称糕点为"饽饽"。北京饽饽铺多以斋为名，如金兰斋、桂兴斋、异馥斋、聚庆斋、芙蓉斋等，能让人感受到一种古老而浪漫的生活氛围。饽饽铺精制满汉细点，名目繁多，具有独特的民族风格。这种老式的饽饽铺，在旧时北京人的生活中占有极为重要的地位。当年北京人买饽饽并不单纯为了吃，而是一种民俗和礼节。老百姓供佛祭祖、探亲访友、婚嫁生育所用的糕点几乎完全来自饽饽铺，饽饽铺也就有了做不完的生意。道光二十八年所立《马神庙糖饼行行规碑》载，满洲饽饽为"国家供享神祇、祭祀宗庙及内廷殿试、外藩筵宴，又如佛前供素，乃旗民僧道所必用。喜筵桌张，凡冠婚丧祭而不可无，其用亦大矣"。

苏式糕点文化

苏式糕点起源于隋唐年间，此时的苏州物产丰富，市井繁荣，商贾云集，成为江南的繁华都会，为苏州糕点行业的兴起提供了良好的经济条件。到了唐代，苏式糕点开始进入了兴旺、发达时期。宋代时，苏式糕点已经形成一个独特的糕点帮式，品种甚

◆ 老北京小吃驴打滚儿

多，已有炙、烙、炸、蒸制法，并已形成商品生产，又有茶食（糕点）店铺供应。历代骚人墨客在赞美苏州风光的同时，也对精巧可口的苏式糕点赞美不已。白居易、杜甫、苏东坡、陆游等著名文学家和诗人都对苏式糕点怀有特别的感情。明、清时期，苏州工商业的农业生产全国领先，为糕点业的发展提供了源源不断的原料，这时的苏式糕点更是飞速发展，品种已达130余种。

延伸阅读

传统的"京八件"

"京八件"是京式糕点中的上品，原是以北京地区为代表的北式糕点中的一个系列品种。"京八件"是外地人的称呼，北京人只直呼为"大八件""小八件"或"细八件"。何为八件？从字面上就能看出，这原本不是一种糕点的名称。在传统市场上，大八件是指八块糕点配搭一组为一斤，小八件是以八块糕点配搭一组为半斤，最早是为上供预备的。供桌上八个盘子，每盘一样，每样二两，按16两一斤的旧制，恰好一斤。

花色纷呈的火锅文化

火锅是中国的传统饮食方式，即用火烧锅，以汤导热，涮食物，在上千年的演变过程中，不仅产生了很多与之相关的历史趣闻，还形成了独特的火锅文化。

在古代，火锅因投料入沸水时发出的"咕咚"声得名为"古董羹"，是中国独创的美食。火锅历史悠久，种类也是花色纷呈，百锅千味，是民间不可多得的美味。

火锅史话

火锅的历史十分久远，烹制方法十分简单，早在商周时期就已出现。《韩诗外传》记载，古代举行祭祀或庆典时要"击钟列鼎"而食，众人围在鼎四周，将牛、羊肉等放入鼎中煮熟分食，这是火锅的萌芽。据《魏书》记载，三国时代的曹丕时期，已经出现了用铜所制的火锅，当时并不流行。到了南北朝时期，人们使用火锅煮食逐渐多起来。最初流行于中国寒冷的北方地区，人们用来涮猪、牛、羊、鸡、鱼等各种肉食。随着中国经济文化日益发达、烹调技术进一步发展，各式火锅也相继闪亮登场。

唐宋时期，经济发展，人类饮食活动增加，烹饪随之有了很快发展，火锅得到了丰富和改良，流行地域不断扩大。诗人白居易喜欢邀友至家吟诗赋词，他有一首诗云："绿蚁新醅酒，红泥小火炉。晚来天欲雪，能饮一杯无。""红泥小火炉"即是唐代流行的一种陶制火锅。明清时期，火锅开始盛行，重视内容，也注重形式，火锅花样不断翻新，尤其是清朝末期民国初期，在全国已形成了几十种不同的火锅而且各具特色。

名人的火锅轶事

中国古代很多名人都有一些关于火锅的趣事。如元世祖忽必烈就喜欢吃火锅。有一年冬天，在行军之中他忽然要吃羊肉，聪明的厨师情急之中便将羊肉切成薄片，放入开水锅中烫熟，加上调料、葱花等物，忽必烈食后赞不绝口，并赐名为"涮羊肉"。

明代文学家杨慎自小与火锅结缘，他的火锅对联也被传为佳话。当时他随父亲共

◆ 元太祖忽必烈

◆ 火锅

赴弘治皇帝在御花园设的酒宴。宴上有涮羊肉的火锅，火里烧着木炭，弘治皇帝借此得一上联："炭黑火红灰似雪"，要众臣对下联，大臣们顿时个个面面相觑。此时，年少的杨慎悄悄地对父亲吟出下联："谷黄米白饭如霜"。其父就把儿子的对句念给皇上听，皇上听后龙颜大悦，当即赏御酒一杯。

清代乾隆皇帝酷爱火锅，他在嘉庆元年正月摆设的"千叟宴"，全席共上火锅1550余个，应邀品尝者达5000余人，成为历史上最大的一次火锅盛宴。近代文化名流胡适对故乡徽州的火锅情有独钟，他在家宴请客人吃饭时，大多由夫人精心烹制徽州火锅来招待客人。著名文学家梁实秋在一篇题为《胡适先生二三事》的回忆短文中，就描写了徽州火锅给他留下的深刻印象以及胡适对徽州火锅的偏爱之情。

火锅的文化意义

火锅不仅是独特的饮食方式，还具有深厚的历史和文化底蕴。火锅体现了中国烹饪的包容性。"火锅"一词既是炊具、盛具的名称，还是技法、吃法与炊具、盛具的统一。火锅还表现了中国饮食之道所蕴涵的和谐性。从原料、汤料的采用到烹调技法的配合，同中求异，异中求和，使荤与素、生与熟、麻辣与鲜甜、嫩脆与绵烂、清香与浓醇等美妙地结合在一起。在民俗风情上，火锅呈现出一派和谐与酣畅的淋漓场景，营造出一种"同心、同聚、同享、同乐"的文化氛围。火锅来源于民间，其消费群体涵盖之广泛、人均消费次数之大，是其他食品望尘莫及的。无论是贩夫走卒、达官显宦，还是文人骚客、商贾农工都乐食此味。

延伸阅读

火锅的种类

中国火锅的种类很多，分类的方式也多种多样。按燃料可以分为炭火锅、电火锅、酒精火锅等；按火锅结构可以分为大锅、单人单锅（小火锅）；按口味可以分为鸳鸯火锅、半辣半鲜锅、全辣锅、全鲜锅；按锅体的制作材料可以分为铜火锅、不锈钢火锅、陶瓷火锅。按地区特色可以分为重庆毛肚火锅、四川麻辣火锅、广东海鲜打边炉、广东钙骨打边炉、香港牛肉打边炉、上海什锦暖锅、江浙菊花暖锅、杭州三鲜暖锅、北京羊肉涮锅、云南滇味火锅、湘西狗肉火锅、湖北野味火锅、东北白肉火锅等。

风味各异的小吃文化

小吃是中华饮食文化中的一朵奇葩，每种小吃的制作方式和食用方式，都蕴涵着深刻的哲理和人类特有的审美意趣，从而形成了不同流派的小吃文化。

在中华民族饮食文化的长河中，小吃犹如一颗璀璨的明珠在历史的星空中闪烁。由于气候条件、饮食习惯的不同和历史文化背景的差异，中国的小吃在选料、口味、技艺上形成了各自不同的风格和流派。人们一般以长江为界限，将小吃分为南、北两大风味，具体地又将其分成京式、苏式、广式3大特色小吃。

京式风味小吃

京式小吃指黄河以北大部分地区制作的小吃，包括华北、东北等地，以北京为代表。京式小吃历史久远，许多民间小吃还成了御膳名品，如芸豆卷、豌豆黄。由于北京作为都城，先后有不同民族的统治者，所以北京小吃又融入了汉、回、满各民族特色以及沿承的宫廷风味特色。在小吃烹调方式上更是煎炒烹炸烤涮样样齐全，北京小吃比较有名的有：绿豆糕、玫瑰饼、萨其马、藤萝饼、卤煮火烧、豌豆黄、豆汁、焦圈、爆肚、驴打滚、艾窝窝、炒肝、炸灌肠、白水

◆ 福州鱼丸

羊头、一品酥脆煎饼、干锅鸭头。

苏式小吃文化

苏式小吃指长江中下游江、浙一带制作的小吃,以江苏省为代表。苏州风味小吃与刺绣、园林并称为"苏州三绝",其中最负盛名的是苏州糖年糕,相传起源于吴越,至今民间还流传着伍子胥以糯米粉制作城砖解救百姓的传奇故事。

苏式小吃继承和发扬了本地的传统特色,具有浓厚的乡土风味。南京夫子庙、苏州玄妙观、无锡崇安寺、常州双桂坊、南通南大街和盐城鱼市口等都是历史悠久、闻名遐迩的小吃群集地,这里名店鳞次栉比,名师荟萃,集当地传统小吃之大成。苏州小吃的文明不仅在于其品种繁盛、制作多样,还有一大批文人学士为其增加了几分文化意蕴。如朱自清先生十分喜欢扬州小吃,认为扬州的面"汤味醇厚",扬州烫干丝、小笼点心、翡翠烧麦都是"最可口的",干菜包子"细细地咬嚼,可以嚼出一点橄榄般的回味来"。

苏式小吃的代表有:葱油火烧、三丁包子、蟹黄烧麦、烧麦、黄天源糕点、苏式糖果、苏式蜜饯、鸭血粉丝汤、鸭油烧麦、酥油饼、重阳栗糕、鲜肉粽子、虾爆鳝面、紫米八宝饭。

广式小吃文化

广式小吃指中国珠江流域及南部沿海一带制作的小吃,以广东省为代表。广式小吃是在博采众长中形成的。由于受到北方饮食文化的影响,广式小吃中出现了面粉制品。此外,广式小吃还受到西点影响。

唐代,广州已成为著名港口,与海外各国交往密切。尤其是鸦片战争后,广州的面点师吸取西点制作技术精华,形成了中点西做的特色。如甘露酥就是吸取了西点混酥的制作技术。

广式小吃代表有:马岗鸡仔饼、皮蛋酥、冰肉千层酥、双皮奶、野鸡卷、均安煎鱼饼、龙江煎堆、肇庆裹蒸粽、广东月饼、酥皮莲蓉包、薄皮鲜虾饺及第粥、玉兔饺、干蒸蟹黄烧麦、鸭母念、牛肉果条、潮州牛肉丸、胡荣泉捞饼等。

除京式小吃、苏式小吃、广式小吃外,还有西北的秦式小吃、西南的川式小吃等,数不胜数,这也体现了中国小吃文化的博大精深。

延伸阅读

开封的小吃

七朝古都开封有着悠久的历史、灿烂的文化,也有很多闻名中外的小吃,其中最为有名的就是小笼灌汤包。小笼灌汤包已有百年历史,创始人是黄继善。小笼灌汤包的特点就是皮薄,吃起来十分爽滑,再配上陈年老醋,味道更独特。开封的三鲜莲花酥也是众多小吃中的极品,它的形态如同含苞初绽的莲花,味道芳香、酥松可口,是开封著名的传统糕点。开封的花生糕也很有名,是古代宫廷膳食,源于宋朝,后经元、明、清三个朝代600余年,流传至今。它以精选花生仁为主料,辅以白糖、饴糖等,经过熬糖、拨糖、垫花生面,刀切成形等工序制成。此外,开封的小吃还有闪味胡辣汤、麻辣粉、化三驴肉汤、麻辣花生、鸡血汤、擀面皮、延庆观炸鸡、华侨卷粉、肉菜合等。

第十讲
中华调料文化

饮食文化十三讲

178

历久不衰的酱油文化

中国是酱油的故乡，中国人最早开始食用酱油。存在了2000多年的酱园模式，不仅对酱油的酿造与发展产生了重大影响，还形成了独特的酱园文化。

酱油是以大豆蛋白为主要原料，按"全料制""天然踩黄"工艺酿造而成的咸香型调味液。酱油在中国历史上被习惯性的称为"清酱""酱清""豆酱清""豉汁""豉清""酱汁"等。从历史文化的角度看，酱油是中国传统烹饪的基本调料，用以指代厨房或烹饪之事，而后又被引申为不登大雅的琐屑之事。

酱油史话

2000多年前的西汉，就已经普遍酿制和食用酱油了。酱油源于酱，酱在中国周朝就已经问世，当酱存放长久时其表面会出现

◆ 日常调料必备酱油

一层汁，人们品尝之后发现味道很好，于是便改进制酱的工艺，特意酿制酱汁，这就是早期酱油的诞生过程。这时的酱油被称作"清酱"。

自中国历史上第一代酱油出现以后，在漫漫2000余年的时间里，中国人的生活方式几乎一直"周而复始"地运转，而酱油的生产方式也以作坊模式为主。正因为如此，中国酱油的传统称谓才能够经受历史的考验，一直保留在亿万人民的嘴巴上，如同酱油本身一样至今浓香依旧，毫不褪色。

到了宋代，"酱油"一词才明确见于历史文献。如北宋人苏轼曾记载了用酽醋、酱油或灯心净墨污的生活经验："金笺及扇面误字，以酽醋或酱油用新笔蘸洗，或灯心揩之即去"。"酱油"一词的出现，其意义不仅在于中国酱油从此有了一个更规范的雅称，更在于这种称谓背后所蕴含的历史文化。此后，虽然"清酱"一词仍然留存于北方局部地区，但它的意义已经与唐代以前"清酱"不同了。后来又有了"豆油""秋油""麦油""套油""豉油"，以及近现代仍在流行的"老抽""生抽""生清""上油""头油"等称谓，只是标榜了酱油的风味品质。这也反映了中国酱油文化形态的丰富多彩与中国人对酱油品味的深刻理解。

酱园文化

在中国古代，酱油的生产基本是传统的酱园模式，这也是中国酱油文化的特征之一。酱园，又称"酱坊"，指制作并出售酱品的作坊或商店。中国历史上的酱园规模很小，通常是前店后坊布局模式，因此，酱园具备生产加工与经营销售两种职能。在历史上，无论是通都大邑还是百家聚落的小邑镇，必有酱园的存在。这其中也有经营有方、声誉良好、颇具规模的名店，如历史上的江北四大酱园、六必居、槐茂、玉堂、济美。酱园不仅方便了城居百姓和四方来客的生活之需，同时也装点了城市文化。

酱园在中国历史上是一个很包容的文化概念，它所经营的不仅有酱、豉、酱油、醋、酱菜、腐乳、盐、作料酒、各种辛香料、食物油，甚至还兼营饮料、酒类等，这种酱园文化的兼容特征恰是由庶民大众食事生活的综合需要所决定的。对于庶民大众来说，人们到酱园来购买的主要的仍然是酱油和醋两大代表性品种。

延伸阅读

酱油食用小常识

酱油是日常生活中烹调的主要调味料，正常的酱油具有鲜艳的红褐色，体态澄清，无悬浮物及沉淀，摇动时会起很多泡沫，并不易散去。优质酱油应具有浓郁的酱香和酯香味，味道鲜美、醇厚、咸淡适口，无异味。但是大家在日常烹调中应注意三点：其一，最好在菜肴将出锅前加入酱油，略炒煮后即出锅，这样可以避免锅内的高温破坏酱油中的氨基酸，使营养价值受到破坏，而且酱油中的糖分也不会焦化变酸。其二，为有效防止酱油发霉长白膜，可以采用往酱油中滴几滴食油、放几瓣去皮大蒜或滴几滴白酒等方法。最后，烹调酱油不要作佐餐凉拌用。

底蕴深厚的醋文化

中国是醋的故乡，醋有悠久的历史，是中国传统的调味品，产地多，品种丰富，作为一种文化现象深深地融入中华民族的文化之中，形成了独具风格的醋文化。

古人有句话："开门七件事，柴米油盐酱醋茶。"这说明自古以来醋就在中国人民生活中占有重要的地位，而醋文化已经成为中华民族饮食文化的重要组成部分。

醋的历史

中国是世界上最早用谷物酿醋的国家，距今已有3000多年的历史。据《周礼》记载，周朝时朝廷就开始设有专门管理醋政的官员"酸人"。春秋末年晋阳（太原）城建立时就有一定规模的醋作坊。南北朝时醋被

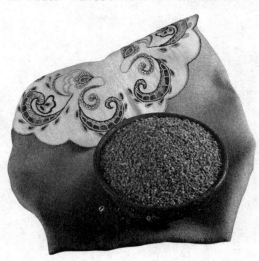

◆ 制醋原料之一高粱

视为奢侈品，用醋调味成为宴请档次的一条标准。北魏农学家贾思勰在《齐民要术》中对醋的发酵工艺作了详细记述。到了唐宋时期，制醋业有了较大发展，醋开始进入了寻常百姓之家。明清时，酿醋技术出现高峰，山西王来福创制了隔年陈酿醋，至今仍被老陈醋生产企业所保留。

醋的多元用途

醋的用途很多，其药用是中国醋文化的显著特征。早在战国时期，扁鹊就认为醋有协助诸药消毒疗疾的功用，此后历代名医都有很多相关的记载。尤其是李时珍在《本草纲目》一书所录的用醋药方就有30多种，其中关于在室内蒸发醋气以消毒的方式至今仍用以防止流感等传染性疾病。醋不仅广泛应用于调味，饮酒过量之后，喝上几口醋还有助于解酒；许多生活用具可用醋擦洗除掉污垢、去异味等。

醋的文化现象

醋不仅是一种调味之物，还开始渗透到文化之中。最为显著的就是，在现实生活中人们还经常使用"吃醋""醋意"等来形

◆ 醋缸

俗。于是，有了用"半瓶醋"一词来讽刺那些对某种知识技能一知半解的人或事，如元末明初时无名氏作南戏《司马相如题桥记》文："如今那街市上常人，粗读几句书，咬文嚼字，人叫他做半瓶醋。"此外，在中国历史上，尤其是唐宋以后，读书人的社会出路渐趋狭窄。于是，未能入仕的读书人社会地位逐渐下跌，于是"酸腐"成了读书人的"专利"，"酸子"成为了落魄读书人的代名词。

总之，醋历尽千年沧桑，早已超越了调味品的范畴，已成为一种文化深深融入人们的心中。

容人的妒忌心理，多数情况下是指男女感情之间的排他性。从历史文献上看，该种语意可以追溯到唐代。史传唐太宗李世民赏了几个美女给房玄龄，但是房玄龄却惧内不敢接受，于是李世民就派人给房玄龄之妻卢氏送去一壶毒酒，同时宣布旨意：同意房玄龄接受皇帝的赏赐，否则饮鸩受死。没想到，刚烈的卢氏竟不假思索地夺过酒壶一饮而尽。可见，在中国封建制时代，一个女人为了把"第三者"关在门外，连付出自己的生命都能够无所顾忌。然而，这位卢氏并没有死，因为唐太宗在壶中装的是醋。于是，卢氏"吃醋"不怕丢命的故事便有了名。

醋是日常生活中的便宜调料，人们买醋一般多以一斤为单位，一斤醋通常也就是一瓶，"买一瓶醋"已经成了生活中的习

延伸阅读

醋的种类

中国地域辽阔、物产丰富、南北气候不同，各地按照其历史、地理、物产和习惯，在长期的生产实践中创造出多种富有特色的制醋工艺和品牌老醋，如山西老陈醋、镇江香醋、福建红曲老醋、四川保宁豉醋、江浙玫瑰醋、喀左陈醋、北京熏醋、上海米醋、丹东白醋、四门贡醋等著名食醋。其中山西老陈醋、阆中保宁醋、镇江香醋、福建永春醋在清代就被称为"中国四大名醋"。此外，醋很早就被中国人作为饮料而用。当代各种"饮料醋""保健醋""美容醋""健胃醋"等非调料饮品醋也相继进入市场，并越来越得到人们的青睐。

第十讲 中华调料文化

181

多姿多彩的糖文化

中国制糖的历史悠久，有了糖，成千上万种美馔佳肴和花式糖点才得以产生，人们的饮食品种也不再单调。随着国外制糖技术的传入，中国的制糖业迎来了蓬勃兴旺的发展时期，不但使许多古代糖点重新焕发出新的光彩，也形成为具有中国特色的糖文化。

糖，在古代有许多同义字或近义字，如：饧、饴、铺、餦、餦、餭等。糖是人体赖以产生热量的重要物质，既可直接单独食用，又是人们生活中的调味品和甜食、糖果、糕点的原料。

中国先秦就有制糖的风俗。西周《诗经·大雅·绵篇》载："周原膴膴，堇荼如饴"。可见，最迟在公元前1000年左右，中国已知道把淀粉质水解成甜糖了。屈原的《楚辞·招魂》有"柜粆蜜饵有餦餭"的句子，餦餭就是以麦芽糖为主要成分的

◆ 制糖的主要原料甘蔗

饧。用麦芽制糖是古代最早的制糖方法，许慎《说文解字》上说："饴，米蘖煎也"。蘖是发芽的麦子，能使煮过的米里的淀粉糖化。北魏贾思勰《齐民要术》里，记也载过制造"白饧""黑饧""琥珀饧""煮铺""作饴"等五种制造饴糖的方法。这些方法与现在制饴坊用的基本相同。

中国很早就有甘蔗和甘蔗制糖的记载，中国种植甘蔗的历史可以追溯到战国时期，那时还不会用它生产砂糖。古时对甘蔗的利用，一是当果品吃，二是榨成蔗汁饮用或调味，三是将蔗汁熬成"蔗浆"，四是将蔗汁熬得像饴糖那样浓的"蔗饴"，五是以蔗汁曝晒或加乳熬成硬饴状，称为"石蜜"。

南北朝时代，中国人就已经开始制造蔗糖了。《齐民要术》里转引《异物志》说："甘蔗远近皆有……迮取汁如饴饧，名之曰糖，益复珍也。又煎而曝之，既凝而冰"。这

是中国书籍里关于蔗糖制造的最早记载。蔗糖的大规模生产始于唐代的贞观年间，据《新唐书·西域传·摩揭陀传》中记载："唐太宗遣使取熬糖法，即诏扬州上诸蔗、榨沈如其剂，色味愈西域远甚。"《唐会要》还称："西蕃胡国出石蜜（指蔗糖），中国贵之，太宗遣使至摩伽伦国取其法，令扬州煎蔗汁，于中国自造，色味愈西域所出者。"从此中国逐渐成为制糖大国。

到了宋代，蔗糖生产已以江、浙、闽、广、蜀等地为主了。据北宋《政和本草》载：甘蔗"一种似竹，粗长。榨其汁，以为砂糖，皆用竹蔗。泉、福、吉、广州多作之。炼砂糖和乳为石蜜，即乳糖也，惟蜀作之。"此外，北宋还把砂糖进一步加工成冰糖，这种冰糖流行于元代，时称"糖霜"。同时，这种冰糖也深得文人志士的青睐。北宋黄庭坚《答梓州雍熙长老寄糖霜》诗云："远寄蔗霜知有味，胜于崔子水晶盐。正宗扫地从谁说，我舌犹能及鼻尖。"元代洪希文《糖霜》诗："春余甘蔗榨为浆，色美鹅儿浅浅黄。金掌飞仙承瑞露，板桥行客履新霜。携来已见坚冰渐，嚼过谁传餐玉方。输于雪堂老居士，牙盘玛瑙妙称扬。"

糖在中国古代的利用也较为广泛，除了部分用于烹饪调味，如渍制果品脯干、加入菜肴增味、加入小吃甜食等。另外，

◆ 冰糖炖雪蛤

还大量用于单食。如中国唐代就有口香糖了，当时的著名诗人宋之问有口臭的毛病，经常"以香口糖掩之"。至于食用糖品，则从开始制糖的时候就有了。

延伸阅读

麻糖的历史

麻糖起源于明朝万历年间，已经有400多年的历史。麻糖形似团花，薄如蝉翼，色泽淡黄，松软酥脆，香甜适口。发明麻糖的"广盛号"开始只是靠炸排叉（麻叶），后来发展到蜜汁排叉，再后来就发明了唐山麻糖。当时，人们逢年过节都喜欢用糖和面、芝麻油炸的排权作为节日食品。大概在100多年前，糕点铺"广盛号"把这种深受老百姓喜爱的点心投向了市场。那时市场上的排权有两种：一种是用糖和面，再用芝麻油炸，另一种是先用油炸，再浇上蜜汁。两种排权各有优劣，油炸排权硬而脆，蜜汁排权软而皮。"广盛号"在经营过程中融合了两种排权的做法，精心研制，并吸取了京城糕点"蜜供"的浇浆法，终于制出了如今的麻糖。

妙趣横生的姜文化

中国有句古话："上床萝卜下床姜"，可见姜是人类日常生活中不可缺少的食品和调味品。同时，生姜还是典型的药、食同源的植物，在漫长的历史过程中，还形成了独特的姜文化。

姜又名"生姜"，属姜科植物，根茎味辛，性微温，气香特异。中国很早就开始种植生姜，如湖北江陵县出土的战国墓中就有姜，西汉司马迁所作的《史记》中也有"千畦姜韭其人与千户侯等"的记载，这说明早在2000多年前，生姜就已经成为中国的重要经济作物。

姜的调味功用

姜是中华烹饪中的主要调味品，辛辣芳香，溶解到菜肴中去，可使原料更加鲜美。民间自古就有"饭不香，吃生姜"的谚语。李时珍在《本草纲目》中赞颂姜的美味："辛而不荤，去邪辟恶，生唤熟食，醋、酱、糟、盐、蜜煎调和，无不宜之。可蔬可和，可果可药，其利博矣"。因此，在炖鸡、鸭、鱼、肉时放些姜，可使肉味醇厚。做糖醋鱼时用姜末调汁，可获得一种特殊的甜酸味。醋与姜末相兑蘸食清蒸螃蟹，不仅可去腥尝鲜，而且可借助姜的热性减少螃蟹的腥味及寒性。故《红楼梦》中说道"性防积冷定须姜"。

姜的药用

姜不只是烹饪菜肴的调味佳品，其药用价值也很大，具有发汗解表、温中止呕等功效。每个地方都有和生姜有关的保健谚语，例如，"冬吃萝卜夏吃姜，不劳医生开处方"；"每天三片姜，赛过鹿茸人参汤"；"十月生姜小人参"等。孔子就主张："每食不撤姜"，意思是孔子常食用姜。红糖姜汤更是成为中国各地普遍采

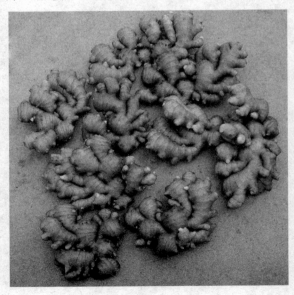

◆ 鲜姜

◆ 姜叶

过，日晒为干姜。"

古代使用生姜的医药家有很多，但深得生姜药理者首推医圣张仲景，他所著的《伤寒论》共载方113剂，其中使用生姜和干姜的方剂就有57剂，如温肺化饮、解表散寒的小青龙汤；发汗解表、清热除烦的大青龙汤；温中祛寒、回阳救逆的四逆汤；温中祛寒、补益脾胃的理中汤；和胃降逆、开结除痞的半夏泻心汤等。这些处方均有生姜或干姜，都是至今临床仍在使用且非常有效的著名方剂。医圣张仲景的用姜经验，囊括了姜的温胃、散寒、降逆、止呕、行水、温肺止咳的药理作用，已成为中医药学临床用姜的法则。

用的治疗感冒的民间处方，每天喝两三杯姜饮料，对身体十分有益。

药用的姜可分鲜姜、干姜和泡姜。千百年来百姓常用其疗伤治病，价廉效著，显示出中国传统医药文化的宏大博深。古代很多医学著作中有关于姜的药用功效的记载，如《五十二病方》中就有"姜""干姜""枯姜"的记载。《神农本草经》则列干姜为中品，并且称其"辛、温、无毒"，主治"胸满，咳逆上气，温中，止血"，"久服去臭气，通神明"。《名医别录》认为，生姜有"归五脏，除风邪寒热，伤寒头痛鼻塞，咳逆上气，止呕吐，去痰下气"的功能。至于干姜炮制法，苏颂《图经本草》载："采（生姜）根于长流水洗

延伸阅读

姜的原产地在那？

关于姜的具体起源地，目前有三种学说：第一种认为姜起源于印度与马来半岛。第二种认为姜起源于中国。因为在中国南方山区有一种所谓的球姜，在西藏亚热带林区也分布有姜科的野生植物，似姜但其辛辣之味较淡，全株均可食用，可能是姜的野生原始品种。因此，姜的原产地应为中国云贵高原和西部广大高原地区。第三种意见认为姜的起源地可能是中国古代黄河流域和长江流域之间的地区。因为从历史资料看，孔子有"不撤姜食"的记载。其次，从气候条件看，古代的黄河流域是森林茂密的温暖地区，也适宜姜的生长。

第十讲 中华调料文化

历史悠久的蒜文化

蒜是舶来之品，在中国流传了两千多年，不仅进入中华百姓的日常饮食生活之中，还形成了具有中国特色的蒜文化。

早期的中国没有蒜，西汉时期，汉武帝派遣张骞出使西域带回很多域外物种，大蒜就是其中之一。大蒜传入中国后，很快成为人们日常生活中的美蔬和佳料，作为蔬菜与葱、韭菜并重，作为调料与盐、豉齐名，食用方式多种多样。

魏晋时期，大蒜的种植规模迅速扩大。据说晋惠帝在逃难时，还曾从民间取大蒜佐饭。此外，《太平御览》记："成都王

颖奉惠帝还洛阳，道中于客舍作食，宫人持斗余粳米饭以供至尊，大蒜、盐、豉到，获嘉；市粗米饭，瓦盂盛之。天子吱两盂，燥蒜数枚，盐豉而已。"可见，食蒜之俗已经深入社会的各个阶层。

南北朝时期，食蒜习俗得以进一步扩大，出现了很多新的食用方式。贾思勰的《齐民要术》中就记载了一种"八和童"的制作方式，其中重要的一味原料就是大蒜。其云"蒜：净剥，掐去强根，不去则苦。尝经渡水者，蒜味甜美，剥即用；未尝渡水者，宜以鱼眼汤半许半生用。朝歌大蒜，辛辣异常，宜分破去心，全心用之，不然辣，则失其食味也"。制作中，"先捣白梅、姜、橘皮为末，贮出之。次捣粟、饭使熟，以渐下生蒜，蒜顿难熟，故宜以渐。生蒜难捣，故须先下"。由此可见，蒜是八和童的主味之一。

到了唐代，食蒜之风大为兴盛，蒜成为一些人的生活必需之品。宋代时期，食蒜风气更为流行，还出现了很多新的蒜食烹制方法。如浦江吴氏《中馈录·制蔬》就介绍了蒜瓜、蒜苗干、做蒜苗方、蒜冬瓜

◆ 大蒜

四种食蒜法。如蒜瓜："秋间小黄瓜一斤，石灰、白矾汤焯过，控干。盐半两，腌一宿。又盐半两，剥大蒜瓣三两，捣为泥，与瓜拌匀，倾入腌下水中，熬好酒、醋，浸着，凉处顿放。冬瓜、茄子同法。"由此可见，宋代人食蒜的方式比较多元，不仅生食，还用于烹调。

元明时期，人们已经掌握了大蒜的各种食用功能，此时人们的烹蒜手法也更为成熟。如明人高濂在《饮馔服食笺》中记载了"蒜梅"的做法："青硬梅子二斤，大蒜一斤，或囊剥净，炒盐三两，酌量水煎汤，停冷浸之。候五十日后卤水将变色，倾出再煎，其水停冷浸之，入瓶。至七月后食。梅无酸味，蒜无荤气也。"

到了清代，人们的食蒜方式已经接近今天，此时的烹蒜方式也逐渐分为南、北两大派系。北方的烹蒜法在山东人丁宜曾的《农圃便览》中有详细的记载。如"水晶蒜"："拔苔后七八日刨蒜，去总皮，每斤用盐七钱拌匀，时常颠弄。腌四日，装磁罐内，按实令满。竹衣封口，上插数孔，倒控出臭水。四五日取起，泥封，数日可用。用时随开随闭，勿冒风。"

南方的烹蒜法，总的来讲手法细腻，加工讲究。如《调鼎集》中记载了江浙一带的烹蒜方式。如"腌蒜头"："新出蒜头，乘未甚干者，去干及根，用清水泡两三日，尝辛辣之味去有七八就好。如未，即将换清水再泡，洗净再泡，用盐加醋腌之。若用咸，每蒜一斤，用盐二两，醋三两，先腌二三日，添水至满封贮，可久存不坏。设需

◆ 蒜蓉粉丝蒸扇贝

半咸半甜，一水中捞起时，先用薄盐腌一二日，后用糖醋煎滚，候冷灌之。若太淡加盐，不甜加糖可也。"但是南方人的好蒜程度比不过北方人。

第十讲 中华调料文化

187

色彩斑斓的花椒文化

中国菜肴讲究色、香、味,而用花椒调成的菜肴,其最明显的味道当然是麻,对于嗜麻的国人来说,这麻味沁入肺腑,使人难以忘怀,并由此诞生了花椒文化。

早期的花椒是一种敬神的香物,在《神农本草经》中,花椒被称之为"秦椒"。花椒资源的开发经历了2000多年的历史,从最初的香料过渡到调味品,就经历了近千年的时间。

从香料到调料

先秦时期,花椒不能用来果腹充饥,也不能单独食用。但是花椒果实红艳,气味芳烈,于是人们以之作为一种象征物,借以表达自己的思想情感。可见,早期的花椒作为香物出现在祭祀和敬神活动中,这就是先民对花椒的最早使用。如《楚辞章句》中云:"椒,香物,所以降神。"这证明,花椒作为一种香料物质得到了广泛应用。

后来花椒逐渐成为一种调味品。南北朝时期吴均在《饼说》中罗列了当时一批有名的特产,其中调味品有"洞庭负霜之桔,仇池连蒂之椒,济北之盐",以之制作的饼

◆ 花椒树

食"既闻香而口闷，亦见色而心迷"。南宋林洪的《山家清供》记载："寻鸡洗涤，用麻油、盐、火煮、人椒。"元代忽思慧的《饮膳正要》、清代薛宝辰撰写的《素食说略》等都有对花椒调味的相关记载。

花椒的药用

花椒不仅是一种上好的调味品，还是治疗疾病的良药。在中国上古时期，花椒就被认为是人与神沟通的灵性之物，并被封为法力无边的"玉衡星精"。可见在先人心中花椒就是济世之物。中国最早的药学专著《神农本草经》记载：花椒能"坚齿发""耐老""增年"唐代孙思邈在《千金食治》中记载："蜀椒：味辛、大热、有毒，主邪气，温中下气，留饮宿"。明代药圣李时珍说："椒孰纯阳之物，乃手足太阴、右肾命门气分之药。其味辛而麻，其气温以热，禀南方之阳，受西方之阴，所以能入肺散寒，治咳嗽；入脾除湿，治风寒湿痹，水一肿泻痢。"他在《本草纲目》中记载："治上气，咳嗽吐逆，风湿寒痹。下气杀虫，利五脏，去老血"等。由此可见，花椒是中国的传统中药，其药用价值毋庸置疑，随着科技的进步，它还会得到更为有效的利用。

花椒的文化意义

花椒除了具有食药同源的特征之外，还逐渐成为一种文化的表征，具有了一定的符号学意义。中国的先民将其作为象征之物，赋予它许多特殊的含义，借以表达自己的美好情感和对幸福生活的美好希望。花椒香气浓郁、结果累累，所以被人们看作多子多福的象征。《唐风·椒聊》中的"椒聊之

实，繁衍盈升"便很好地说明了这一点。同时，花椒还被人们视为高贵的象征，《荀子·议兵》云："民之视我，欢若父母，其好我芳若椒兰"，表达了作者的清高和尊贵。两汉时期，花椒成为宫廷贵族的宠儿，皇后居所有了"椒房""椒宫"的称谓。《汉官仪》载："皇后称椒房，取其实蔓延，外以椒涂，亦取其温。"

由此可见，花椒不仅承载了中国人在开发利用自然资源方面的聪明才智，还展现了中国人超脱的想象力及天人合一的哲学思想、药食同源的饮食文化观、兼容并蓄的发展观，这都是中国花椒文化的创造源泉。

延伸阅读

花椒经典食疗药方

治秃顶：取适量的花椒浸泡在酒精度数较高的白酒中，一周后使用时，用干净的软布蘸此浸液搽抹头皮，每天数次，若再配以姜汁洗头，效果更好。

治痔疮：花椒1把，装入小布袋中，扎口，用开水沏于盆中，患者先是用热气熏洗患处，待水温降到不烫，再行坐浴。全过程约20分钟，每天早晚各1次。

治膝盖痛：花椒50克压碎，鲜姜10片，葱白6棵切碎，三种混在一起，装在包布内，将药袋上放一热水袋，热敷30至40分钟，每日2次。

断奶回乳：取花椒6克，加水400毫升，浸泡后煎水煮浓缩成200毫升，再加红糖30～60克，于断乳当天趁热一次饮下，每日1次，约1～3天可回乳。

治痛经：用花椒10克，胡椒3克，二味共研细粉，用白酒调成糊状，敷于脐眼，外用伤湿止痛膏封闭，每日1次，此法最适宜于寒凝气滞之痛经。

第十讲 中华调料文化

红火辛辣的辣椒文化

辣椒在古代被称为"海椒"，说明它是从海外传进来的。在中国长时间辗转流传过程中，辣椒不仅成为人们的主要辛辣调料，还形成了独特的辣椒文化。

190

辣椒是一种茄科辣椒属植物，最常见的主要有青辣椒和红辣椒。新鲜的青辣椒、红辣椒可做主菜食用，红辣椒经过加工还可以制成干辣椒、辣椒酱等用于菜肴的调料。辣椒原产于美洲墨西哥、秘鲁等国，最先由印第安人种食。15世纪末，哥伦布发现美洲之后把辣椒带回欧洲，并由此传播

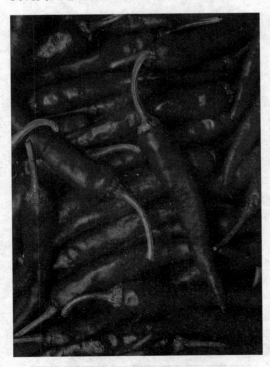

◆ 辣椒

到世界各地。

辣椒传入中国

据说辣椒是在明代郑和下西洋时传入中国，起先作为观赏植物，后来迅速与花椒、茱萸两种本土植物一起，成为中国"三大辛辣"食品之一。

在辣椒传入中国之前，民间主要辛辣调料是花椒、姜、茱萸，其中花椒在中国古代辛辣调料中地位最为重要。辣椒进入中国，最初的名字叫"番椒、地胡椒、斑椒、狗椒、黔椒、辣枚、海椒、辣子、茄椒、辣角、秦椒"等。最初吃辣椒的中国人均居住在长江下游，即所谓"下江人"。下江人尝试辣椒之时，四川人尚不知辣椒为何物。辣椒最先从江浙、两广传来，但是并没有在那些地方得到充分利用，却在长江上游、西南地区得到充分利用，这也是四川人在饮食上吸取天下之长，不断推陈出新的结果。

辣椒发展史

辣椒的发展史可以从清朝初期开始算起，最先开始食用辣椒的是贵州及其相邻地区。在盐巴缺乏的贵州，康熙年间就有"土苗用以代盐"，当时的辣椒起了盐的作用，

◆ 水煮肉片

清末傅崇集《成都通览》载，当时成都各种菜肴放辣椒的有1328种，辣椒已经成为川菜主要的作料之一。清代末年，食椒已经成为四川人饮食的重要特色。徐心余《蜀游闻见录》记载："惟川人食椒，须择其极辣者，且每饭每菜，非辣不可。"

辣椒传入中国600多年，有人戏称其实现了一场"红色侵略"，抢占了传统的花椒、姜、茱萸的地位，花椒食用被挤缩在四川盆地之内，茱萸则完全退出中国饮食辛香用料的舞台，姜的地位也从饮食中大量退出。辣椒至今不衰，其威力几乎是任何辛辣香料都无法抗衡的。

可见其与生活关系之密切。从乾隆年间开始，贵州地区已经大量食用辣椒，与贵州相邻的云南镇雄和贵州东部的湖南辰州府也开始食用辣子。

嘉庆以后，黔、湘、川、赣等地普遍种植辣椒。有记载说，由于辣椒在江西、湖南、贵州、四川等地大受欢迎，农民开始把它"种以为蔬"。道光年间贵州北部已经是"顿顿之食每物必蕃椒"，同治时贵州一带的人们"四时以食"海椒。清代末年，贵州地区还盛行苞谷饭，其菜多用豆花，便是用水泡盐块加海椒，用作蘸水，类似于今天四川富顺豆花的海椒蘸水。

湖南在道光、咸丰、同治、光绪年间，食用辣椒已很普遍。据清代末年《清稗类钞》记载："滇、黔、湘、蜀人嗜辛辣品""无椒芥不下箸也，汤则多有之"。从此段文字可见，清代末年，湖南、湖北人食辣已经成性，连汤都要放辣椒了。同时，辣椒在四川"山野遍种之"。光绪以后，四川经典菜谱中有大量食用辣椒的记载。

延伸阅读

名人的辣椒情缘

辣椒曾是文人雅士不屑一顾的普通植物，却被白石先生多次请进中国美术艺术的大雅之堂，齐白石对中国画创造性的贡献是历史性的，尤其是他在创作取向上鲜明的平民心态。他一扫传统中国画全神贯注于梅、兰、竹、菊等贵族化对象的习惯，大胆地把笔触伸向普通劳动者十分喜爱的瓜果蔬菜，他的很多画作涉及辣椒，表现了对辣椒的赞赏与怀念。试想若齐白石老人没有多年吃辣椒的深厚根底，他的画风哪来的泼辣、火辣、老辣？

鲁迅也是自幼与辣椒有缘。少年在江南水师学堂读书时，由于成绩优良，学校奖给他一枚金质奖章。他立即拿到南京鼓楼街头卖掉，然后买了几本书，又买了一串红辣椒。每当晚上寒冷时，夜读难耐，他便摘下一颗辣椒，放在嘴里嚼着，辣得额头冒汗。他就用这种办法驱寒坚持读书，后来终于成为中国著名的文学家。

第十一讲
中华传食经要

《礼记·内则》：中国最早的饮食文献

《礼记》是中国最早的古代典籍之一，其不仅是中国研究夏商周时代历史的珍贵史料，更反映了那一时代的很多饮食文化。

《礼记》成书于春秋，内容包括夏商周典章制度、社会变迁、社会生活，其中的《内则》篇比较详实地记录了商周时代特别是周代的饮食发展状况和饮食思想，该书称得上是中国最早的饮食文献。商周时代在中国的饮食发展史上曾经占有了非常重要的地位，北方菜系就成于该时代，这时的"周八珍"宴更加闻名遐迩。

《礼记·内则》中的周八珍

谈起中国古代的饮食名馔，人们总会提到八珍。八珍原来指八种珍贵的食物，后来又指八种罕见稀有的烹饪原料。最早的八

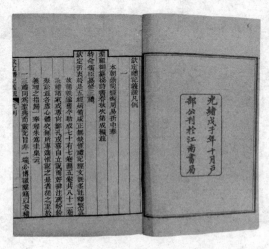

◆ 乾隆十三年撰钦定礼记义疏

珍出现于周代，之后中国历代都有八珍之说，其内容随着朝代的变化而变迁。八珍最早的提法见于《周礼·天官·冢宰》，其中记载："食医，掌和王之六食、六饮、六膳、百羞、百酱、八珍之齐。"具体的八珍在中国古代的历史资料中也确有记载，在《礼记·内则》中，就有对这8种食品原料、烹饪工艺、炊具、注意事项的具体记载。按照《礼记·内则》的记载，八珍是这样的八种食物：

第一种，淳熬。"淳"是沃的意思，指加入动物油搅拌；"熬"是煎的意思，指煎肉酱。它的具体做法是，把肉酱煎热之后浇在陆稻制成的米饭上，之后再向里面倒入动物油搅拌。这种饭、肉酱、油脂的组合，混合了各种味道，不需要其他的菜肴相配同食，这种饮食与现在的盖浇饭很类似。

第二种，淳母。这种烹饪方法和第一种"淳熬"相同，只是淳母的饭食原料不是陆稻而是黍米。"母"在这里的读音是"模"，表达像的意思，即和"淳熬"相似。

第三种，炮豚。炮豚的烹饪方法非常

复杂，要选用小猪作为主料，将其内脏掏出，并用枣装在已经清空的腹腔内，用芦苇将其裹起来，外面还要涂上一层带着草的泥巴，放在火上用猛火烧制。炮完之后，清掉上面的泥，用洗干净的手搓揉掉猪体上面因烧制产生的皱皮，再用调成糊状的稻米粉涂遍小猪的全身，还要把其放入装有动物油的小鼎之中，这些动物油必须要淹没猪身。之后还要将小鼎坐在装有水的大锅里面，且大锅的水面还不能高出小鼎边缘，用来防止水进入鼎中。最后还要用火烧熬三天三夜，将小猪用醋、肉酱等调和食用。

第四种，炮牂。炮牂的烹调工艺与炮豚相同，只是材料不是小猪，而是小母羊。

第五种，捣珍。这种烹饪调料要选用羊、牛、鹿、麋鹿、獐等动物的里脊，将其反复捶打，直到去掉里面的筋腱，煮熟之后将其取出揉成肉泥食用。

第六种，渍。这种烹饪方式一定要选用刚刚宰杀的新鲜牛肉切成薄片，并且放在美酒里面整整浸泡一夜，之后还要佐以醋、肉酱、梅浆等作料食用。在这道菜品中，肉要新鲜，切肉之时还要视肉的纹理横切。

第七种，熬。这种烹饪方式的食料选用牛肉或者鹿肉、獐肉、麋肉等。首先要将原料捶打，去掉其中的皮膜，摊开放在苇篾之上，撒上桂、姜和盐面儿，用小火烘干。这种食物类似于后来的肉脯。这种制成的食物干、湿两吃。想吃干的就要捶打松散，想吃湿的就放到肉酱里煎制食用。

第八种，肝膋。膋的意思是指肠上的脂肪，也泛指脂肪。制作这种珍品，需要选用

狗肝一副，并且要用狗脂肪将其盖住，加上适当的汁放在火上烤，让脂肪慢慢进入肝内，烤制时也不能用蓼草作为香料。最后还要用米粉糊来润泽，用狼的臆间脂肪切碎，和稻米一起合制成稠糊。一起食用。

从《礼记·内则》中，我们能看到，我们的祖先早在2000多年前就掌握了很多复杂的烹饪方法。他们不仅懂得选用动物不同部位的肉来烹饪，更知道烹饪过程中应该注重卫生和规范，从中我们不难看出中国烹饪文化的悠久历史。自周代后，中国历史上历朝历代都有"八珍"一说，随着时代的变迁，"八珍"的内容有了改变，但是其中包含的内容都结合了中华民族的食品精华。

延伸阅读

民国时期的八珍

民国时期的八珍分为上八珍、中八珍和下八珍，这些分类按照地区的不同，分类也就不同。北京上八珍：猩唇、燕窝、驼峰、熊掌、猴头（菌）、豹胎、鹿筋、哈士蟆，烟台上八珍：猩唇、燕窝、驼峰、熊掌、猴头（菌）、鬼脯（野鸭胸脯肉）、鹿筋、黄唇蛟；北京中八珍：鱼翅、广肚、鱼骨、龙鱼肠、大乌参、鲥鱼、鲍鱼、干贝，烟台中八珍：鱼翅、广肚、鲥鱼、银耳、果子狸、哈士蟆、鱼唇、裙边，北京下八珍：川竹笋、乌鱼蛋（墨鱼卵）、银耳、大口蘑、猴头（菌）、裙边、鱼唇、果子狸，烟台下八珍：川竹笋、海参、龙须菜、大口蘑、乌龙蛋、赤鳞鱼、干贝、蛎黄。

《黄帝内经》：食疗的基础理论著作

《黄帝内经》是中国迄今为止最古老的一部中医文献，在《黄帝内经·素问》中系统地阐述了一套食补食疗理论，为中医营养医疗学奠定了基础。

中国古代人很早就认识到，饮食营养的合理搭配是决定人们能否健康长寿的重要因素，因此也就提出了对后世影响深远的“医食同源”学说。

《黄帝内经》中的饮食营养理论

在《黄帝内经》的《素问·藏气法时论篇》中，将食物区分为谷、果、畜、菜四大类，即所谓五谷、五果、五畜、五菜。五谷为黍、稷、稻、麦、菽，五果指桃、李、杏、枣、栗，五畜为牛、羊、犬、豕、鸡，五菜是葵、藿、葱、韭、薤。

新刊黃帝內經靈樞卷第一
九針十二原第一 法天
黃帝問於岐伯曰余子萬民養百姓而收其租稅余
哀其不給而屬有疾病余欲勿使被毒藥無用砭石
欲以微針通其經脈調其血氣營其逆順出入之會
令可傳於後世必明爲之法令終而不滅久而不絕
易用難忘爲之經紀異其章別其表裏爲之終始令
各有形先立針經願聞其情岐伯荅曰臣請推而次
之令有綱紀始於一終於九焉請言其道小針之要
易陳而難入粗守形上守神神乎神客在門未覩其

◆ 《黄帝内经》书影

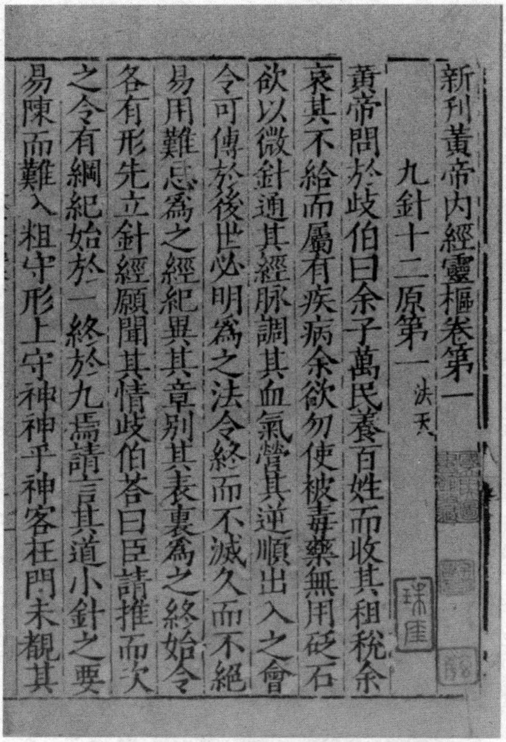

这是为了配合古代的阴阳五行学说，才把每类归为五种，其所指并非就是具体的五种，都可以有泛指之意。这几类食物在人们日常饮食中的比重和所发挥的作用在《素问》当中都有阐述，其提出的“五谷为养，五果为助，五菜为充，气味合而服之，以补精益气”的论述，就是指人们在饮食当中要以五谷为主食，以果、畜、菜为补充。扩展开来可以将其理解为：人的生长发育和健康长寿不能离开五谷的支持；肉、蛋、乳一类的食品因为营养价值和吸收利用率较高，应该作为人们在五谷之外的配餐；仅仅食用肉类和粮食营养还不够全面，蔬菜也必须作为人们日常饮食的必需品；除此以外，人们还应该尽可能食用些有利于保健和卫生的干、鲜果品。

上述几点，不仅较为全面地概括了人类日常饮食中的原料，更重要的是其借助每类食品中的"五"种数量和不同种类食品用"养""益""助""充"的形容字表达出其对饮食的思想。其一，人们为了从食物中摄取全面的营养，应该尽量丰富平日的饮食种类，每类食物都是由不同种类的食品组成的，应该尽量吃杂一点。即使是吃主食，也不能只吃细粮而不吃杂粮，同理，对于肉类和蔬菜也是一样。其二，各类食品对人体的功能是有着主次之分的，切勿喧宾夺主，"养"为主要的，"益""充""助"是辅助的。

《黄帝内经》中的饮食五味与保健的关系

在《黄帝内经·素问》当中还阐述了一套五味与保健的关系，也值得后世参考。饮食之物，按照中医学的理论来看，都有温、热、平的性味和酸、苦、辛、咸、甘的气味。五味五气各有所主，或补或泻，为体所用。从书中写到的各种饮食需要"气味合而服之，以补精益气"可以看出，《黄帝内经》中认为四类食品对于人体的各项功能不是无条件的，只有"气味合"才能起到"补精益气"的作用。所谓"气味合"指的是"心欲苦、肺欲辛、肝欲酸、脾欲甘、胃欲咸。此五味之所含藏之气也。"

《黄帝内经·生气通天论篇》中有一则专门论述五味与人体五脏的关系，并且阐述了如果饮食五味不合就对人体有损害的思想，其中写道："味过于酸，肝气从律，脾气乃绝；味过于咸，大骨气劳，短肌，心气抑；味过于甘，心气喘满，色黑，肾气不衡；味过于苦，脾气不濡，胃气乃厚；味过

于辛，筋脉沮弛，精神乃央。"这些论述都揭示出了饮食五味与人体健康的密切关系。在《黄帝内经·五藏生成篇》中也谈到了饮食偏食一味的害处，曰："多食咸则脉凝泣而色变，多食苦则皮槁而毛拔，多食辛则筋急而爪枯，多食酸则肉胝而唇枯，多食甘则骨痛而发落。"在《黄帝内经·宣明五气篇》中说："酸入肝，辛入肺，苦入心，咸入肾，甘入脾。"由此可见，如果在日常的饮食中不注重五味的搭配，很有可能受到五味的伤害。

《黄帝内经》中的这些论述，不仅是中医学上的经典思想，也给人们提供了饮食上需要遵循的原则性指导。这些理论和思想不仅符合中国古代的国情和食物资源的实际情况，更表现出了东方饮食结构的标志性特点。直到现在，华夏大地上绝大多数人的食物构成依然遵循这个模式，这也体现了中国农业经济在古代的发展高度。

延伸阅读

《黄帝内经》中的饮食宜忌

《黄帝内经》中五味保健之原则：肝色青，宜食甘，粳米、牛肉、枣、葵皆甘。心色赤，宜食酸，小豆、犬肉、李、韭皆酸。肺色白，宜食苦，麦、羊肉、杏、薤皆苦。脾色黄，宜食咸，大豆、豕肉、栗、藿皆咸。肾色黑，宜食辛，黄黍、鸡肉、桃、葱皆辛。《黄帝内经》中的五味禁忌：辛走气，气病无多食辛，咸走血，血病无多食咸，苦走骨，骨病无多食苦，甘走肉，肉病无多食甘，酸走筋，筋病无多食酸。

《饮膳正要》：中国第一部营养学专著

忽思慧是中国元代著名营养学家，他编撰的《饮膳正要》是中国历史上现存最早的饮食卫生与营养学著作，对中国营养饮食思想的传播起到了重要的推动作用。

早在周代，宫廷内就设有"食医"，以后历代都沿袭了这一传统。到元世祖忽必烈时，在皇宫里专设"掌饮膳太医四人"。忽思慧因在营养饮食方面的造诣而被元朝统治者选中，担任了专门负责宫中饮食搭配工作的饮膳太医。任职期间，他不仅积累了丰富的饮食营养知识，更熟识了烹调技术等多方面的技能。他又兼通蒙、汉医学，几年之后，他总结前人的研究成果，并结合自己获得的饮食营养知识，编著了

《饮膳正要》。这部著作因后世得到了明代宗皇帝朱祁钰的肯定，并为之作序，得以完整保存。

《饮膳正要》中的主要内容

《饮膳正要》成书于元朝天历三年（1330年），全书共三卷。除了记载帝王圣祭、养生避讳之外，还记有食珍九十四谱，食疗方六十一谱，汤煎方五十五种，另有若干饮水方和"神仙方"。书中记载的食疗方和药膳方堪称丰富，不仅特别注重阐述各种

◆ 《饮膳正要》春宜食麦·冬宜食黍

饮食的滋补作用和性味，并且还记载有妊娠食忌、乳母食忌、饮酒避忌等内容。《饮膳正要》中还制定出了一套饮食卫生法则，记载了一些饮食卫生、营养疗法，乃至食物中毒的防治问题。书中大量的插图也是此书特色之一，该书第三卷实际上是饮食动植物图，每个知识点都配图，画面生动形象，明白易懂。

《饮膳正要》中的饮食思想

忽思慧很注意研究《黄帝内经》以及汉、唐、宋时代医家有关饮食营养与食疗方面的研究成果。《黄帝内经》和孙思邈在《千金方》中的一些宝贵论述和经验，给了忽思慧极大的影响，在这些药膳原理中，他继承了食、养、医结合的医学传统，将药物与食物相结合的滋补、治疗作用，提高到科学的高度。

忽思慧在《饮膳正要》序言中认为：饮食就像药一样，性、味都不同，如果搭配不好，很可能出现危害身体健康的现象。在"养生避忌"一节中，忽思慧较全面地阐述了他的人体保健方面的见解。他说："善服药者不若善保养，不善保养不若善服药。"他指出治病首先要防病。接着他又说："善摄生者，薄滋味，省思虑，节嗜欲，戒喜怒，惜元气，简言语，轻得失，破忧阻，除妄想，远好恶，收视听，勤内固……故善养性者，先饥而食，食勿令饱；先渴而饮，饮勿令过；食欲数而少，不欲顿而多。盖饱中饥，饥中饱，饱则伤肺，饥则伤气。若食饱不得便卧，即生百病。"他强调了身体与精神两方面的保健，这不仅是科学的，更体现

出了他著作的独到之处。

在《饮膳正要》中，忽思慧将历代宫廷中的美味珍馐集合起来，总结了前人的养生经验，强调"药补不如食补"的观念。《饮膳正要》虽是宫廷贵族的饮食指南，但是这部书一反皇帝食谱中遍布山珍海味的常规，反而重视起粗茶淡饭的滋补价值，把补气益中的羊馔放到了首位。在药补方面，人身、鹿茸、灵芝一类的名贵补品也并没有大量出现，反而是首乌、茯苓这类的普通药品多次列出。书中倡导的饮食有节，注意食物多样化和季节调养的饮食营养观既务实又朴素。

《饮膳正要》包括医疗卫生，以及历代名医的验方、秘方和具有蒙古族饮食特点的各种肉、乳食品等内容，使其已经超越了饮食典籍的界限，有了医疗研究方面的意义。这部蒙汉医学和饮食交流产物的著作，对研究元代宫廷生活和当时的文化也有一定的参考价值。

延伸阅读

"食物中毒"名词的首次使用

忽思慧是中国历史上最先应用"食物中毒"名词的人，至今我们仍在应用这一名词。他在《饮膳正要》中指出食物中毒的原因：有的是食物本身具有毒素，如菌子、蕈菇；有的本来无毒，后由于某些原因变成毒物；还有的是由于食物成分搭配不当而成毒。之后他又介绍了不少解毒的办法，如果一时判断不清是吃什么造成中毒的，就应当马上煎"苦参汁"给患者喝下，并且使其将胃中的食物吐出来。现在看来，这些观点也是科学的。

《饮食须知》：食物搭配宜忌

元代贾铭的《饮食须知》是一部专门论述饮食禁忌的著作，书中详细阐述了食物间相配的禁忌，以及多食某种食物所产生的副作用和解救方法，书中很多内容对今人都有很高的参考价值。

贾铭，字文鼎，浙江海宁人，元代养生家。贾铭在《饮食须知》自序中说：写这本书的目的在于能够让注重养生的人们了解饮食之物性有相反相忌的作用，在日常饮食中要多加注意，适度饮食。否则的话，轻则五内不和，重则立生祸害。因此，《饮食须知》选录许多本草疏注中关于物性相反相忌的部分编成书，以便帮助人们掌握饮食的调配方法，避免因饮食搭配不当而给人身体健康造成损害。

《饮食须知》的主要内容

《饮食须知》全书八卷，第一卷水类30种、火类6种；第二卷谷类50种；第三卷菜类86种；第四卷果类59种；第五卷味类33种；第六卷鱼类65种；第七卷禽类34种；第八卷兽类40种。另附几类食物有毒、解毒、收藏之法。

谷物卷列出了米豆类共30多种。贾铭提到，胡麻蒸制不熟，食后令人脱发；绿豆合鲤鱼久食，令人肝黄；豆花可解酒毒。

菜蔬卷列出家蔬野菜共70多种。贾铭说：葱多食令人虚气上冲，损头发，昏人神志；大蒜多食生痰，助火昏目；秋后食茄子损目，同大蒜食发痔漏；刀豆多食令人气闷头胀；绿豆芽多食发疮动气；黄瓜多食损阴血，生疮疥，令人虚热上逆。

瓜果卷列出果品瓜类共50余种。贾铭

◆ 《饮食须知》书影

提到，杏子不益人，生食多伤筋骨，多食昏神，发疮痈，落须眉；生桃损人，食之无益；枣子生食令人热渴膨胀，损脾元，助湿热；柿子多食发痰，同酒食易醉；樱桃多食令人呕吐，伤筋骨，败血气；西瓜胃弱者不可多食，作吐利；椰子浆食之昏昏如醉，食其肉则不饥，饮其浆则增渴。

调味品卷中，叙述了盐、豆油、麻油、白沙糖、蜂蜜、酒等30多种调味品。贾铭指出，盐多食伤肺发咳，令人失色损筋力；麻油多食滑肠胃，久食损人肌肉；川椒多食，令人乏气伤血脉；茶久饮令人瘦，去脂肪。

水产品卷中列有鱼类等60多种。贾铭说，鲟鱼多食动风气，久食令人心痛腰痛；鳖肉同芥子食，生恶疮；淡菜多食令人头目昏闷，久食脱人发；海虾同猪肉食，令人多唾。

禽鸟卷和走兽卷共列动物70多种。贾铭谈到了禁忌：鸭肉滑中发冷利，患脚气人勿食；燕肉不可食，损人神气；鸳鸯多食，令人患大风病；狗肉同生葱蒜食损人，炙食易得消渴疾；驴肉多食动风，同猪肉食伤气；兔肉久食绝人血脉，损元气，令人痿黄。

贾铭在书中提出萝卜在"服何首乌诸补药忌食"的观点就有科学道理。只有身体虚弱的人才服用滋补药，一般的滋补药所含有的糖分高，而萝卜中含有大量糖化酵素、芥子油，可刺激肠胃的蠕动，进而让滋补成分排出体外，抑制了人参的滋补功效。至今，服人参时忌吃萝卜的说法还被人们所信奉。他还说道：大蒜"消肉积"。根据科学证明，大蒜当中含有蒜氨酸，的确有降血脂

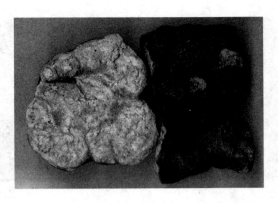

◆ 何首乌

和抗动脉粥样硬化的作用。

《饮食须知》不仅对饮食烹饪有重要的参考价值，对人民的日常生活也有一定的指导意义。此书从"饮食精以养生""物性有相反相忌"的角度出发，对食物的性味、反忌、毒性、收藏等性质进行了编选介绍，同时也提出了"养生者未尝不害生"的观点。

客观上来说，《饮食须知》一书也并非十全十美，因其所列禁忌过多，过于繁琐而给人们带来了无所适从的感觉。但人们绝不可因为一些局限性而轻忽它的参考作用。

延伸阅读

朱元璋和《饮食须知》

　　贾铭生于南宋，曾在元朝任官职为万户，卒于明初，历经了宋、元、明三代，活了106岁，在古代实属高龄。明太祖朱元璋对他的饮食养生之道很感兴趣，曾经召见他，向他询问饮食保健之道。贾铭把他所撰著的《饮食须知》呈进给皇帝，朱元璋如获至宝，不仅仔细翻阅，还下旨让宫廷内结合贾铭的著作认真研究，并在皇家膳食中按照书中所述办理。

《吴氏中馈录》：女厨编著的饮食典籍

中国历史上出现了很多著名的女厨，其中以宋代的吴氏和宋氏最具代表性，她们不仅厨艺高超，更留下了被世人广为传颂的饮食典籍。

宋代之前，职业烹饪者被冠以"厨子、厨司、厨人、厨丁"的名称，这些称呼明显是指男性。宋代开始出现了以烹饪为职业的妇女，当时人们称其为"厨娘"。在当时的都城汴梁，人们重男轻女的思想并不严重，生了女儿反倒十分爱惜，等到女子到了一定年龄，便训练其厨艺，让其成为"烹饪专家"，供当时的贵族之家选用。宋代，中国出现了历史上有名的两位女厨——吴氏和朱氏，她们不仅厨艺精湛，还著有流传后世

的饮食典籍。

《吴氏中馈录》

吴氏，南宋浙西浦江人。她特别擅长私家菜的烹制，所做的菜多取材于浙江地方原料，做工精细，以家常小菜为主，非常具有创意。其中腌制、酱制、腊制等诸多方法很具有实用价值，当中的很多技法一直流传至今。吴氏不仅烹饪技艺高超，也是一位有名的才女，她对民间烹饪实践进行总结与整理，收集了浙西南地区76种菜点的制作方

◆ 宋代厨娘画像砖

法，著成以吴氏菜谱命名的饮食专录——《吴氏中馈录》。

《吴氏中馈录》是中国历史上一部重要的烹饪典籍。全书共分脯鲊、制蔬、甜食三部分，所载菜点采用炙、腌、炒、煮、焙、蒸、酱、糟、醉、晒等十几种烹饪方法，代表了宋代浙江民间烹饪的最高水平，有些做法至今还在江南一些地区流行。《吴氏中馈录》不仅丰富了流传已久的"私家菜"品种，使得家常宴饮化平凡为神奇，更为中国的传统饮食文化作出了重要的贡献。

《宋氏养生部》

南宋时期，浙江民间还出现一位著名女厨宋五嫂。相传，她曾经在钱塘门外做鱼羹，因得到宋高宗的赞赏而闻名，其名至今与名菜"宋嫂鱼羹"一起流传于世。

宋五嫂，本姓朱，嫁于宋氏人家，随丈夫姓，又被人们称为宋氏。宋氏善于烹饪，曾经多年作为官府的主厨，因此擅长官府菜。在平日闲暇之时，宋氏将几十年的厨艺经验都转述给了她的儿子宋诩，汇集编成了《宋氏养生部》六卷。第一卷介绍内容有

茶制、酒制、酱制、醋制；第二卷介绍面食制、粉食制、蓼花制、白糖制、蜜煎制、汤水制；第三卷为兽属制、禽属制；第四卷为鳞属制、虫制；第五卷为苹果制、羹制；第六卷为杂造制、食药制、收藏制、宜禁制。每一类下还分若干的详细目录，记载各种食品的制法。此书共收集菜肴1300余种，成为了中国古代食物制作的著名典籍。

因宋氏曾经在官府厨房任职，书中所收录的菜品多为官府菜。此书有很强的实用性，收录的菜肴品种齐全、风味多样，是中国食品制造加工史上有里程碑意义的饮食著作。

延伸阅读

宋嫂鱼羹的典故

宋嫂鱼羹距今已有800多年的历史，是杭州的一道传统名菜。因其色泽灿黄，鲜滑爽口，味道好似蟹羹，民间又称其为"赛蟹羹"。相传，南宋淳熙六年，宋高宗赵构乘船游览西湖。等到他到达钱塘门外时，已经中午十分。身边的侍者跟他说，这里有家菜馆的鱼羹很美味。宋高宗也稍有些饿，于是派人下船去买鱼羹。这家菜馆的主人就是宋五嫂，她见豪华游船上的人来买鱼羹，猜测是贵族，于是亲自烹制鱼羹送到船上。宋五嫂见了宋高宗并不害怕，对他说："小奴原来是东京人，随着御驾来到这里。"赵构闻听此言，心中十分感慨，认为像她这样的平民还能够跟随他南迁，感到大宋江山有希望复兴。于是命人赏给宋五嫂"金钱十文，银钱一百文，绢十匹，仍令后苑供应泛索。"从此，宋五嫂的鱼羹就被称作"宋嫂鱼羹"，声名远播。

第十一讲 中华传食经要

《千金食治》：药王的食疗理论精粹

孙思邈是中国历史上伟大的中医药学家，他不仅对中医药学有着深入的研究，其对人们日常饮食与养生保健之间的关系也有着独特的见解，他的很多理论至今对人们的生活都产生着影响。

孙思邈，唐代医药学家，被人奉为"药王"。孙思邈7岁时开始读书，坚持攻读医学和经史百家等知识，后世传说他有过目不忘的本领。孙思邈一生淡泊名利，多次谢绝朝中要求为官的要求，立志做一名济世救人的民间医生。他著的《千金方》和《千金翼方》等医学著作对后世的影响极其深远，在这两部书中都有关于食疗的论述。《千金方》又名《备急千金要方》，全书30卷，第26卷为食治专论，后人称之为《千金食治》。

《千金食治》的饮食思想

在《千金食治》的序论部分，作者阐述了他的食疗思想。孙思邈说："人安身的根本，在于饮食；要疗疾见效快，就得凭于药物。不知饮食之宜的人，不足以长生；不明药物禁忌的人，没法根除病痛。这两件事至关重要，如果忽而不学，那就实在太可悲了。饮食能排除身体内的邪气，能安顺脏腑，悦人神志。如果能用食物治疗疾病，那就算得上是良医。作为一个医生，先要求摸清疾病的根源，知道它给身体什么部位会带来危害，再以食物疗治。只有在食疗不愈时，才可用药。"

孙思邈还告诫人们说："凡常饮食，每令节俭，若贪味多餐，临盘人饱，食讫觉腹中彭亨（涨肚）短气，或致暴疾，仍为霍乱。又夏至以后，迄至秋分，必须慎肥腻、饼、酥油之属，此物与酒浆瓜果，理极相仿。夫在身所以多疾病，皆由春夏取冷太过，饮食不节故也。又鱼脍诸腥冷之物，多损于人，断之益善。乳酪酥等常食

◆ 《备急千金要方》书影

之，令人有筋力胆干，肌体润泽，卒多食之，亦令腹胀泄利，渐渐自已。"这段话当中既谈到一些平时饮食搭配的禁忌，也谈到了饮食与节气之间的紧密关系，很多思想都包含了很科学的道理。

《千金食治》的内容

《千金食治》分果实、蔬菜、谷米、鸟兽等几篇，内容中详细描述了各种食物的药理性和功能。在果实篇中，孙思邈提倡多吃大枣、鸡头实、樱桃，说这些食物能使人身轻如仙。告诫人们不能多食用的东西有：梅，坏人牙齿；桃仁，令人发热气；李仁，令人体虚；安石榴，损人肺脏；梨，令人生寒气；胡桃，令人呕吐，动痰火。食杏仁尤应注意，孙思邈引扁鹊的话说："杏仁不可久服，令人目盲，眉发落，动一切宿病，不可不慎。"

在蔬菜篇中，孙思邈认为：越瓜、胡瓜、早青瓜、蜀椒不可多食，而苋菜实和小苋菜、苦菜、苜蓿、薤、白蒿、茗叶、苍耳子、竹笋均可长久食，这些食物不仅可以让人身体轻松有力气，更可延缓衰老。

在谷米篇中，孙思邈认为：长久食用薏仁、胡麻、白麻子、饴、大麦、青粱米能让人身轻有力，使人不老；赤小豆则会让人肌肤枯燥；白黍米和糯米令人烦热；盐会损人力，黑肤色，这些都不可多食。

在鸟兽篇中，孙思邈认为：乳酪制品对人有益；虎肉不能热食，能坏人齿；石蜜久服，强志轻体，耐第延年；腹蛇肉泡酒饮，可疗心腹痛；乌贼鱼也有益气强志之功，鳖肉食后能治脚气。

◆ 孙思邈像

孙思邈的这些经验不仅使他成为了"药王"，更让其活到百余岁，他提到的饮食思想对后人有很大的启示作用。

延伸阅读

中国第一部食疗专著——《神养方》

在唐代还有一位著名的医药学家孟诜，也是一位高寿老人。孟诜是孙思邈的徒弟，他写出了中国第一部食疗专著《神养方》。后来，由他的徒弟张鼎作了增补，更名为《食疗本草》，该书共记载食疗方227条。但遗憾的是，该书早已散佚。1907年，英国人斯坦因曾经在敦煌莫高窟中找到了《食疗本草》的残卷，在一些唐宋医籍中都出现了此书中的部分内容。近代有不少学者对其进行了集中和研究，使其辑本趋于完备。

《随园食单》：文人的饮食心得

袁枚用文人的感性和博学，创造出了一部影响深远的饮食著作《随园食单》。《随园食单》是清代一部系统地论述烹饪技术和南北菜点的重要著作。

袁枚，字子才，号简斋，浙江钱塘人。清代著名的学者、诗人、文学家、饮食文化理论家、烹饪艺术家。他一生著有《小仓山房诗文集》《随园随笔》《随园食单》等30余部文学艺术作品。袁枚利用自己广博的见识、深远的见解所著的《随园食单》一书，可谓品位高雅、依据真实，给当时的饮食文化带来了巨大影响。在今天，其中的许多观念仍然值得我们学习和借鉴。

《随园食单》的主要内容

在《随园食单》中，袁枚系统论述了清代烹饪技术，涵盖了南北菜品的菜谱，全书分为须知单、戒单、海鲜单、江鲜单、特牲单、杂牲单、羽族单、水族有鳞单、水族

无鳞单、杂素单、小菜单、点心单、饭粥单和菜酒单14个方面。书中用大量的篇幅系统介绍了从14世纪到18世纪中叶流行于南北的342道菜点、茶酒的用料和制作，有江南地方风味菜肴，也有山东、安徽、广东等地方风味食品。在书中还表达了作者对饮食卫生、饮食方式和菜品搭配等方面的观点。这些观点在今天看来依然实用，读来让人获益匪浅。

反对重量不重质的饮食

在《随园食单》中，袁枚说："豆腐煮得好，远胜燕窝；海菜若烧得不好，不如竹笋"。由此可见，袁枚认为：美食之美不在数量而在质量，要讲求营养。袁枚的这种饮食观念也渗透进了他平时的饮食习惯之中。

强调食物搭配的重要性

袁枚在《随园食单》中谈到，食物搭配也要"才貌"相适宜，烹调必须要"同类相配"，"要使清者配清，浓者配浓，柔者配柔，刚者配刚，方有和合之妙"。可见，袁枚对食物之间的搭配是相当看重的。

◆ 《随园食单》书影

要求干净卫生的烹饪习惯

袁枚认为饮食要讲求卫生。他强调：菜肴再美味，如不卫生，必定让人难以下咽。像烟灰、汗珠和灶台上的苍蝇、蚂蚁等，如果落入菜中，再好的美食也会让人掩鼻而过。

对饮食用具，袁枚也要求很严格。一定要专器专用，"切葱之刀，不可以切笋；捣椒之臼，不可以捣粉"。其常用的饮食器具要清洁，"闻菜有抹布气者，由其布之不洁也；闻菜有砧板气者，由其板之不净也。"好的厨师应该做到"四多"，良厨应"多磨刀、多换布、多刮板、多洗手，然后治菜"。

讲究菜肴的味道

袁枚要求菜"味要浓厚，不可油腻；味要清鲜，不可淡薄……如果一味追求肥腻，不如吃猪油好了……如果只是贪图淡薄，那不如去喝水好了"。在吃饭之时，袁枚主张严格按照上菜顺序来放置菜肴，要"咸者宜先，淡者宜后；浓者宜先，薄者宜后；无汤者宜先，有汤者宜后。"

讲究节令饮食

袁枚认为：饮食只有按照节令而用之，才能强身健体。他在《随园食单》中的"须知单"中，就表达了这样的思想，他专门列有"时节须知"，主要阐释的强身之道有三点：其一，人之饮食，应循时而进。袁枚解释说："夏日长而热，宰杀太早，则肉败矣；冬日短而寒，烹饪稍迟，则物生矣。冬宜食牛丰，移之于夏，非其时也。夏宜食干腊，移之于冬，非其时也。"其二，人之饮食，当因季变味。他写道："辅佐之物，夏宜用芥末，冬宜用胡椒。当三伏天而得冬腌菜，贱物也，而竟成至宝矣。当秋凉时，而得行鞭笋，亦贱物也，而视若珍馐矣。"其三，人之饮食，须择时"见好"而食。袁枚指出："有先时而见好者，三月食鲥鱼是也；有后时而见好者，四月食芋艿是也。其他亦可类推。有过时而不可吃者，萝卜过时则心空；山笋过时则味苦；刀鲚过时则骨硬。所谓四时之序，成功者退，精华已竭，褰裳去之也。"

《随园食单》展示了作者对饮食的讲究，蕴含了他的情趣与人生观。这种生活哲学和思考，正是菜谱的精髓所在。这部书系统论述和阐释了饮食文化理论、烹饪技艺、南北茶点制作技术等方面内容，袁枚的饮食美学思想、饮食烹饪技艺思想和饮食保健思想也得到了集中体现，是中国古代饮食文化的精髓之作。

延伸阅读

袁枚提倡文明用餐的观点

在《随园食单》中袁枚还表达了自己对饮食方式的看法，他反对"贪贵食之名，夸敬客之意"，并且认为饮宴上的铺张奢靡、纵酒酗酒现象是不文明的行为。对设宴待客时过分殷勤劝菜劝酒的行为，他非常反感和厌恶，认为这是一种强迫行为，就如同惩罚一样，令人生厌，这样做不仅是对客人不尊重、不礼貌的表现，也有违热情待客的本意。袁枚主张应"主随客意，听取客便"，文明待客。他认为，宴席上喝得酩酊大醉，丑态百出，惹人耻笑，再好的美食也不知其味，应改掉这种陋习。

第十一讲 中华传食经要

207

第十二讲
中华文艺与饮食

音乐与饮食：鼓瑟吹笙享美食

中华民族十分重视饮食时的气氛，同样也较早地意识到了饮食带给人们的愉快和欢乐，人们经常通过音乐的方式来表达或者来烘托宴饮的欢乐气氛。这样一来，饮食与音乐之间就有了密不可分的紧密联系。

"乐"本来指乐器，后来引申包括音乐、快乐等含义。古人认为，只有沉浸在快乐之中，才能够达到宴饮的目的。《礼记·曲礼》中有"当食不叹"的规矩，汉代刘向在《说苑·贵游》中说："今有满堂饮酒者，有一人独索然向隅而泣，则一堂之人皆不乐也。"可见古人对宴饮气氛的重视。为了烘托宴饮气氛，同时也为了表达在宴饮之时的快乐之情，人们就会经常利用音乐的形式来抒发宴饮之时的感情。

先秦时期，当主人在宴饮上请客人喝酒时，手里拿着点燃的蜡烛，另一只手抱着备用的烛炬，在前面领路，客人起身谦让时，主人将烛火交给仆人，并和客人作揖礼让，还互相唱着诗歌。主人借歌声表达对客人的诚意，客人用歌声抒发自己内心的感谢。

周代宴饮歌曲

周代贵族在宴饮之时使用的传世乐歌非常多，《诗经》中的《鹿鸣》《伐木》《南有嘉鱼》《噫嘻》《振鹭》《丝衣》都是当时宴饮之时所唱的歌曲。《彤弓》是周

◆ 战国青铜器上的撞钟击侑食图案

◆ 曾侯乙墓编钟

天子赏赐有功之臣的乐歌，《天保》《南山有台》《菁菁者莪》皆为诸侯们赞颂周天子的歌曲。

根据《史记·孔子世家》记载："《关雎》为《风》始；《鹿鸣》为《小雅》始；《文王》为《大雅》始；《清庙》为《颂》始。"古代人们认为《鹿鸣》是《诗经》四始之一，《鹿鸣》就是周天子宴乐群臣时的歌曲，分为三章：第一章写主人鼓瑟吹笙地邀请嘉宾；第二章赞扬嘉宾的贤德；第三章写宾客和主人一同奏乐，欢乐的情绪达到最高潮，嘉宾为了感谢主人，拿出准备的币帛当作礼物赠送，主人也要拿出物品回礼。

战国宴饮乐器

1978年，在湖北随县出土的曾侯乙墓中，发现了一套震惊世界的乐器，那套65件（钮钟19件、甬钟45件、钟1件）组成的编钟，编制齐全、制作精美、音域宽广，依大小顺序排列三层，悬挂在曲尺形的铜木钟架上。编钟低音浑厚，中、高音悠扬，12个半音齐全，能演奏各种乐曲。这套乐器完全按照墓主人生前宴饮作乐的场景安放。通过这些乐器，我们能想象出当时的宴饮音乐已经发展到了很高的水平。

明代宴饮音乐

明代的宴饮音乐受元代杂剧的影响比较大。明代洪武三年(1370年)，朝廷定宴饮之乐曲，大多数都会采用杂剧的音乐曲调填词，如《开太平》《大一统》《安建业》《定封贵》《抚四夷》《起临壕》《守承平》等宴乐，都是按照杂剧的曲调演奏。到了明洪武十五年又重新确定宴乐的乐章。这些歌曲的内容主要是用来歌颂当朝统治者的文治武功，宣扬国威，祝福皇帝长寿健康，歌唱都城繁荣等。后来，一些少数民族前来朝贡之时，为了炫耀中原的强大和富饶，在招待外国使节的酒宴上，还要兼用大乐、细乐、舞队，奏《醉太平》《朝天子》之曲。

延伸阅读

吓坏使臣的楚国宴饮乐

在《左传·成公十二年》中记载了这样一个故事：楚共王为了彰显自己的大国气派，在宴请晋大夫郤至时，把宴饮时使用的钟鼓琴瑟放置在宴会厅的地下室，郤至刚刚到来，乐声就响起了。这位晋国使臣以前并没有见过这样宏大的场面，他大惊失色，转身就跑。作为宴会宾相的子反不紧不慢地对他说："天色已经晚了，我们君王已经等您很久了，请您进去吧。"在惊魂未定之中，郤至道出了难言之隐，他认为楚王接待他的礼仪过于隆重了，这种"备乐"（三面悬挂钟磬"轩悬"之礼）是诸侯之间相会时使用的，他不敢承受这样的礼节，否则楚王接见晋国国君时使用什么样的礼仪呢？从这个故事中我们可以看出，宴饮的乐队设置在地下，除了讲求排场这个因素，还能使音乐达到很好的共鸣效果，并且希望悠扬的音乐能增加宴饮的欢乐气氛。

舞蹈与饮食：翩翩起舞侑宴饮

为了让宴饮更加欢乐和热闹，除了需要音乐伴奏之外，还需要舞蹈的衬托，只有用舞蹈和音乐相结合，才能把人们在宴饮之时的快乐感情表达得淋漓尽致。因此，饮食与舞蹈的结合历来被中国人所重视。

宴饮之时的快乐是人们内心的感觉，而吃到兴起之时的翩翩起舞则是快乐的外在表现。每当人们在饮食当中得到快乐，便可以起身舞蹈，这些舞蹈又增加了人们在饮食之中的快乐感受。

古代的宴饮舞伎

自古以来，天子、诸侯、贵族、大夫门下都有专门从事音乐歌舞之人，这些人经常会在宴会上表演，用来娱乐参加宴会的人。史料记载，春秋时期中国就出现了家养女伎的现象，之后这一风俗逐渐延续下来。这些女伎大多家境贫寒，有着美丽的相貌和高超的技艺。她们接受严格的舞蹈训练，之后被选入宫廷、贵族、官宦家族，以供这些人家宴饮时娱乐消遣。秦始皇统一全国之后，就曾经集中全国女伎来补充后宫。

除了宫廷舞伎，历代私人家庭中也有豢养舞伎的习俗。北宋沈括在《梦溪笔谈》中记载，著名宰相寇准家里也有一群拥有精湛舞蹈技艺的舞伎。据传，寇准非常喜爱《柘枝舞》。

◆ 唐代舞乐图

唐代宴饮舞蹈的兴盛

唐代是中国封建社会历史中较为繁荣和昌盛的时期。由于国家的开放，各国传入的舞蹈都在中原流传，人们越来越喜欢舞蹈，在宴饮之中欣赏舞蹈成了普遍的风俗。在唐代的宴饮活动中，吃到兴起之时，主人和受邀嘉宾即兴起舞也是常见的事情。

贞观十六年（642年），唐太宗李世民在庆善宫南门宴请大臣，他与当时的大臣们谈到高兴之处，感慨万千，受邀的臣子们纷纷起舞，向李世民祝酒。唐中宗在宴饮之时，也经常让大臣们即兴舞蹈。大臣宗晋卿舞《浑脱》、左卫将军张洽舞健舞类的《黄獐》、工部尚书张锡舞《谈客娘》。在唐代，以歌舞劝酒的习俗也十分兴盛。白居易在《劝我酒》中说道："劝我酒，我不辞；请君歌，歌莫迟。"这就是对唐代这种风俗的表现。在唐代，有很多西域人来到中原，胡舞在宴饮当中十分流行。李白在《前有樽酒行》中说："胡姬貌如花，当炉笑春风。笑春风，舞罗衣，君今不醉将安归。"这是对当时宴饮之时胡姬歌舞侑酒、宾客们一边用餐一面欣赏华丽胡舞景象的生动描写。

宋代的宫廷宴乐舞

宋代出现了专门主管宫廷宴乐的机构，称"教坊"，在这里集中了全国各地的优秀艺人，这支队伍有360人的规模。宋代的宫廷宴饮舞蹈被称之为"队舞"，这是一种在唐代舞蹈的基础之上发展起来的具有欣赏、礼仪、娱乐、典礼等多重性质的舞蹈。队舞分为"女弟子队"和"小儿队"两种形式，一共有20支，这些宴饮舞蹈风俗对中国后世歌舞剧和戏曲的发展有着积极的推动意义。

元代的天魔舞

蒙古族是擅长舞蹈的民族，当他们入主中原之后，在本民族舞蹈的基础上吸收和融和了前代的乐舞形式，形成了兼有着汉族和蒙古族特色的宴饮舞蹈。元代的天魔舞代表了元代宫廷宴饮舞蹈水平的最高境界，元末顺帝时期创作。根据《元史·顺帝本纪》记载：元顺帝独爱游宴，不爱治国。他命宫女文殊奴、三圣奴、妙乐奴等16人，披头散发，戴着象牙、佛冠，身披璎珞，穿着大红绡金长短裙、金杂袄、云肩和袖天衣、绶带、鞋袜，各拿加巴刺般之器而舞，一人执杆击铃，另配有多名宫女组成的乐队为其伴奏。这种舞蹈原本是在宫中做佛事时的表演，后来由于这种舞蹈具有较高的观赏价值和艺术性，逐渐走向了宴饮场合。

延伸阅读

清代宫廷宴饮舞蹈

清代，一些满族民间的传统舞蹈走进了官宴场合。当时的宫廷队舞最初命名为"莽式舞"，也叫做"玛克式舞"，到了乾隆八年（1743年），更名为了"庆龙舞"。这种舞蹈分为扬烈舞和喜起舞两部分。表演之时，先要表演扬烈舞，16人穿着黄布画套，16人穿黑色羊皮套，所有人都戴着面具，翻腾跳跃，模仿野兽进行舞蹈。另外还有8人扮成骑马带弓的猎人，从场地两边分别上场，代表八旗之意。为了表示对皇帝的敬意，舞蹈人首先要向北叩头，然后在场上旋转奔驰，一个打扮成满族模样的八旗向着一个扮演野兽的人射箭，随后其他的"野兽"要先后表示臣服。扬烈舞则是一种生动反映满族人民狩猎生活的武舞，同时人们也借这种舞蹈歌颂和赞美清代的政治功绩。

诗歌与饮食：文人风雅赞佳肴

诗歌与饮食自古以来就结下不解之缘，很多文人都是饮食方面的专家，对美食有着独到的研究和见解，其中很多人更是善于烹饪。所以，中国历史上出现了大量的以饮食为内容的诗歌作品。

自诗歌开始发展，人们就将饮食作为一种诗歌的材料，饮食对于文学的一个极大贡献就是丰富了诗歌的题材。《诗经·魏风·硕鼠》中以"硕鼠硕鼠，无食我黍！"起兴，复沓回环，将残酷剥削人民的统治者骂作老鼠畅快淋漓。《诗经·陈风》中有"岂其食鱼，必河之鲂？""岂其食鱼，必河之鲤？"这里，鲂与鲤都是黄河里味道极好的两种鱼。诗歌和菜肴，是高雅与平凡的统一，是中国饮食文化中的一处亮丽风景。

诗歌发展到唐代进入了繁盛时期，民族融合使各民族的特色饮食汇入了长安，从长安辐射到了全国各地，甚至伴随着丝绸之路传到西方。这样，与饮食有关的诗歌也就层出不穷了。

杜甫的槐叶冷淘诗

唐代宫廷中有一种供奉食品名叫"槐叶冷淘"，为唐代皇室夏季消暑降温而享誉整个唐代。这种食物颜色碧绿，味道清凉爽口，是炎热夏季的消暑佳品。唐代夏日九品以上官员朝会之时，掌管宫内饮食的御厨定会奉上槐叶冷淘这道菜。唐代诗人杜甫，夏天寓居瀼西草堂时，还做过一首名叫《槐叶冷淘》的诗：

青青高槐叶，采掇付中厨。新面来近市，汁滓宛相俱。

入鼎资过熟，加餐愁欲无。碧鲜俱照箸，香饭兼苞芦。

经齿冷于雪，劝人投此珠。愿随金騕褭，走置锦屠苏。

◆ 杜甫像

路远思恐泥，兴深终不渝。献芹则小小，荐藻明区区。

万里露寒殿，开冰清玉壶。君王纳凉晚，此味亦时须。

可见，这道菜不仅深受宫廷的喜爱，连唐代的大诗人杜甫也对其钟爱有加。

李白诗酒"翰林鸡"

李白平时喜欢吃鸡、鸭、鱼、鹅、牛肉、野味和蔬菜水果等菜肴，在众多美味的菜肴中，他对"烹鸡"情有独钟。一次李白来到陆安游玩，当他接到朝廷的诏令还想到了烹鸡的美味，于是作诗道："白酒新熟山中归，黄鸡啄黍秋正肥。呼童烹鸡酌白酒，儿女歌笑牵人衣。"在这首诗中流露出诗人踌躇满志的感情，不久后，李白就入朝担任翰林职位，后人便称李白喜食的烹鸡为"翰林鸡"。

陆龟蒙的乌饭诗

乌饭又称"青精饭""青饭"，用中国古代叫"乌饭葫"的灌木叶子放在锅中煮烂，然后再取其中乌黑色的汁液加入到糯米中，最后加上香菇、瘦肉等辅料搅拌，经文火煮熟，因饭呈青碧色，故称"乌饭"。这饭味道清香可口，食用之后叫人食欲大增。在中国历史上，还有诗人根据这道饭做出了绝美的佳句。唐朝著名诗人陆龟蒙，就曾作《润卿遗青（食迅）饭》诗，赞美乌饭道："旧闻香积金仙食，今见青精玉斧餐。自笑镜中无骨录，可能飞上紫云映。"这首诗既表达了诗人对乌饭的喜爱和赞美，同时也是自嘲无缘羽化成仙。诗中"香积"指寺院里的饭食；"金仙"是佛教对如来之身的称

呼；"玉斧"指仙人；"骨录"指相貌；"紫云"指吉祥的云气。

苏轼的饮食诗歌

在中国历史上，苏轼不仅给后人留下了众多美食佳话，更留下了大量关于饮食的诗歌。苏东坡曾经创制了一道名叫"芦菔羹"的汤，芦菔又名"菔菜"，是萝卜的一种，这道菜的用料是极普通的蔓菁和芦菔根，味道却非常鲜美。苏轼曾经在《狄韶州煮蔓菁芦菔羹》中称赞这种汤比那些用羊肉、鱼烹饪的汤还要好喝，他说道：

我昔在田间，家庖有珍烹。常餐折脚鼎，自煮花蔓菁。

中年失此味，想象如隔生。谁知南岳老，解作东坡羹。

中有芦菔根，尚含晓露清。勿语贵公子，从渠嗜膳腥。

第十二讲 中华文艺与饮食

绘画与饮食：景深意远绘食事

在中国美术史上，曾出现过不少以饮食为题材的绘画作品。这些作品从一个侧面反映了当时社会的饮食生活和饮食文化。

绘画的产生与史前人类的饮食生活密切相关，当时的人们在追求美味的同时，还在陶盆、陶罐、陶壶等饮食器具上画上人面、鱼纹、蛙纹、方格纹、几何纹等图案，这些图案便成为中国历史上最早的绘画作品。此后，饮食更是成为历代画家竞相描绘的重要对象。

国画中的饮食文化

国画即用颜料在宣纸、宣绢上的绘画，是东方艺术的主要形式。中国传统的国画有着很高的艺术成就，其中也包含了丰富的饮食文化内容，许多作品都形象生

动地反映了各个时代的饮食风俗和人们的饮食生活。

古代的很多画作描绘了皇家的饮食生活，如表现宫中大宴准备情形的《备宴图》，描绘宫廷仕女围娱乐茗饮的《宫乐图》，反映皇家饮食风俗的《紫光阁赐宴图》等。有的作品反映了地主贵族阶层的饮宴生活，如新疆吐鲁番出土的纸画《墓主生活图》，南唐顾闳中的《韩熙载夜宴图》等。还有不少作品表现了文人雅士饮酒品茗的闲情逸趣，如宋徽宗赵佶的《文会图》，元代唐棣的《林荫聚饮图》，陆治的《元夜

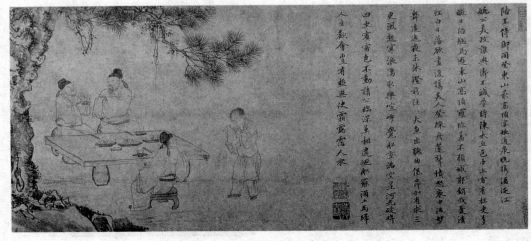

◆ 东山宴饮　明　杜堇

燕集图》，仇英的《松亭试泉图》等。

国画中还有以历史人物的饮食生活为题材的历史故事画。如宋代画家李唐反映商朝遗民伯夷、叔齐耻食周粟，遁入首阳山采薇而食，最后饿死首阳山的《采薇图》；赵原表现茶神陆羽烹茶场面的《陆羽烹茶图》；明代万邦治描绘李白、贺知章等嗜酒情景的《醉饮图》；还有描绘东晋诗人陶渊明饮酒、中唐诗人卢仝烹茶场景的《渊明漉酒图》，清代黄慎的《陶令重阳饮酒图》，丁云鹏的《玉川煮茶图》等。

有的绘画作品还展现了都市和边地的饮食生活，如宋代张择端的《清明上河图》，明人所绘的《市肆筵宴图》，清代徐扬的《盛世滋生图》、金廷标的《寒宴四事图》等。有的作品或直接以饮食名肴作为题材，或再现了当时独特的饮食风俗，如清代"扬州八怪"之一的李鱓描绘淮扬名菜的《鳜鱼图》等。

壁画中的饮食文化

中国古代的壁画与国画一样，同样包含着丰富的饮食文化内容。壁画分墓室壁画、石窟壁画、宫殿寺观壁画三大类，其中墓室壁画与饮食文化联系最为密切。墓室壁画是绘在墓室砖墙上以表现墓室主人生前生活的绘画样式，墓室壁画主要反映了地主、贵族宴饮、狩猎等日常生活场景，如内蒙古和林格尔汉墓壁画中有庖厨、宴饮、乐舞、杂技等场面的家居宴乐图。墓室壁画中还有表现有关饮食的一些劳动场景，如甘肃嘉峪关魏晋墓壁画中的播种图、扬场收获图、粮食加工图、酿醋图；内蒙古和林格尔汉墓壁

画中的放牧、酿造、碓舂等场面。此外，还有与饮食文化相关的墓室壁画，如河南洛阳西汉墓壁画中的《鸿门宴》《二桃杀三士》，内蒙古和林格尔汉墓壁画的《二桃杀三士》等。

在石窟壁画中也有很多反映饮食文化的内容。如敦煌莫高窟的壁画之中就有不下50幅的宴饮场面，如《狩猎图》《屠房图》、《挤奶图》等；甘肃安西榆林窟也发现了很多西夏壁画，其中也有《踏碓图》《酿酒图》等。涉及饮食文化的宫殿寺观壁画也为数不少，如山西繁峙岩上寺的金代壁画《酒楼市肆图》，山西洪洞广胜寺水神庙元代壁画《后宫尚食图》《官人买鱼图》等。

第十二讲 中华文艺与饮食

217

成语与饮食：食用万物道百态

在中国众多成语之中，涉及饮食文化的也很多。这些饮食成语不仅反映了人们对饮食的态度和观点，还被寄予了更为深刻的内涵。

中国人十分注重饮食，出现了大量饮食类成语，这些成语的背后往往还有很多饮食典故、饮食风俗。例如"莼鲈之思"，就是形容游子思乡的成语，而莼菜、鲈鱼也是浙江、苏南一带颇为著名的美食。很多成语的意义也是多元的，例如"庖丁解牛"，本意是形容厨师分割牛肉的高超技术。但从生理学的角度看，可以知道春秋战国时代已有相当高的解剖技术；从烹饪学的角度看，当时的分档取料和切割技术已经相当成熟了。因此，成语中的饮食文化极为丰富，同时蕴含了很多为人处世的哲理。

形容贪婪自私行为的成语

刀头舐蜜。佛经《佛说四十二章经》载："财色于人，人之不舍。譬如刀刃有蜜，不足一餐之美，小儿舐之，则有割舌之患。"一些人为了舐食刀刃上的一点点蜜，甘冒舌头被割破的危险，实在是因小失大，得不偿失。

卖李钻核。《世说新语·俭啬》载："王戎有好李，卖之恐人得种，恒钻其核。"王戎家里很富有，他家有一棵李树，结出来的李子很好，他怕人家买了他的李子后培育出和他一样好的李树，就在出卖李子之前先将其中的李核钻孔取出。可见其贪鄙嘴脸，令人作呕。

形容贫困的成语

二旬九食。西汉刘向在《说苑·立节》中说："子思居于卫，缊袍无表，缊二旬而九食。"孔子之孙子思在卫国时，二十天只吃了九顿饭。因此人们将极度贫困、衣食无着的窘况称为"二旬九食"。

一瓶一钵。首见使用这个成语的是五代前蜀时的和尚贯休，他在《陈情献蜀皇帝》中有："一瓶一钵垂垂老，千水千山得得来。"故贯休又被称为得得和尚，而"一瓶一钵"也被人们用来形容家境贫寒、生活困苦的窘况。

形容徒有虚名的成语

尸位素餐。古代祭祀时，常以活人代替鬼魂受祭，这种活人便称为尸，而居其位且无所事事者便叫尸位。之后人们对于那些食禄而不能尽职的人，便称为"尸位素餐"。

吃粮不管事。一句民间俗语，指只拿报酬，不干实事。类似的还有"衣架饭囊""酒囊饭袋"或"饭坑酒囊"（王充《论

◆ 采薇图。伯夷、叔齐发誓不食周朝的粟，采薇蕨而食

衡 别通》），"饭来张口，衣来伸手""饱食终日，无所用心"（《论语·阳货》)等。

形容饮食生活豪奢的成语

列鼎而食。汉代刘向《说苑·建本》"累菌而坐，列鼎而食"。列鼎而食形容宴饮时，饮食器皿排得很长，彰显奢华铺张的排场。

脑满肠肥。《北齐书·琅琊王俨传》："琅琊王年少，肠肥脑满，轻为举措。" 脑满肠肥指吃得既好又多，养得很胖，用以形容那些生活奢侈、养尊处优的人。

饫甘餍肥。这个成语指食用奢华的食品，同样用来形容饮食奢侈，《红楼梦》就曾用了这个成语。

形容人格气节的成语

不饮盗泉。古籍《尸子》说孔子"过于盗泉，渴矣而不饮，恶其名也"。形容孔子嫉恶如仇，为人清正，洁身自好，即使口渴异常，遇到名为盗泉的水也不饮用。说明为

人处世要有原则。

不食周粟。见于《史记·伯夷列传》，商朝老臣伯夷、叔齐反对周武王起兵伐纣，在武王灭了殷商之后，伯夷、叔齐发誓不食周朝的粟，采薇蕨而食，结果饿死在首阳山上，表达了从一而终、不事二主的决心。

延伸阅读

"嗟来之食"的典故

战国时期，有一年齐国大旱，有一个叫黔敖的富人，看着穷人一个个饿得东倒西歪，反而幸灾乐祸。他摆出一副救世主的架子，每当过来一群饥民，黔敖便丢过去一个窝窝头，让饥民们互相争抢，他在一旁嘲笑地看着他们，十分开心。这时，有一个瘦骨嶙峋的饥民走过来，黔敖特意拿了两个窝窝头，对着这个饥民大声吆喝着："喂，过来吃！"只见那饥民突然精神振作起来，瞪大双眼看着黔敖说："收起你的东西吧，我宁愿饿死也不愿吃这样的嗟来之食！"最后那个人饥饿而死。可见，"嗟来之食"的意思是指带有侮辱性的或不怀好意的施舍。

第十二讲 中华文艺与饮食

《金瓶梅》中的市井饮食文化

《金瓶梅》是中国第一部以市井家庭生活为题材的长篇小说，反映了明朝中晚期的市井生活。在这部书中自然也少不了市井的饮食文化，所以《金瓶梅》不仅写了吃，更写出了市井食俗的市侩本性。

古代文人根据《水浒传》创作的《金瓶梅》，描写细腻，反映出的明代中晚期的民间生活十分真实。书中用浓重的笔墨描写了西门庆等市侩官僚的衣食住行，其中关于他们的饮食材料很丰富。

《金瓶梅》写的肴馔主要包括两类：一类是所谓的家常饭菜，包括小菜、下酒菜、下饭菜和羹汤；另一类是所谓宴会上的大菜，用于官宴或家宴。书中写到的点心杂食就有45种，菜肴50多种。书中还介绍了具体菜品的烹饪方式，如来旺媳妇的"烧猪头肉"、常峙节娘子的"酿螃蟹"、

◆ 《金瓶梅词话》书影

应伯爵的红糟香拌鲥鱼块以及"鸡尖汤"之类。

《金瓶梅》中的小吃文化

《金瓶梅》里写到了许多小吃，其中，糕团类有"白糖万寿糕""雪花糕""玫瑰八仙糕""果馅凉糕""黄米面枣糕""艾窝窝"等，后三种小吃在现代北京还极为常见。这些糕点大多口味较甜，用糯米或米粉发酵而成；糕饼类有"顶皮酥果馅饼""果馅椒盐金饼""果馅团圆饼""檀香饼""酥油松饼""玫瑰元宵饼""松穰卷"等；主食类有包子、水饺、"鹅油蒸饼""烧饦"（类似水煎包、锅贴）"肉兜子"（油煎馅饼）"桃花烧卖"（烧麦）"蒸角儿"（蒸饺）"荷花饼""板搭馓子"等。除了这些小吃，还有很多产在南方的水果和其他小食品，如荔枝干、干龙眼、枇杷等。这些小吃价格便宜，便于携带，更可以随时当作礼品赠送他人，是古代比较大众化的食品。

《金瓶梅》中的菜肴文化

《金瓶梅》中常出现的菜肴也有很

◆ 《金瓶梅词话》书影

多，小菜类，如"糖蒜"、"五香瓜茄"、"五香豆豉""糟笋""酱油浸的鲜花椒""酱的大通蒜"等；汤汁较少或没有汤汁的下酒菜，如"泰州咸鸭蛋""春不老炒冬笋""油炸排骨""豆芽拌海蜇""辽东金虾拌黄瓜"等；下饭菜，如"摊鸡蛋""爆炒腰子"等。

《金瓶梅》中的宴会多由饭局承办，就像我们今天的订餐，只要把钱交给饭局，饭局把饭菜做好送到家里。书中官式大宴共有三次，一般都用金银餐具，还设置了"看席"，即有专门厨师负责的宴席。

《金瓶梅》中的食俗

《金瓶梅》对市井无赖的食俗写得尤为精妙。西门庆虽是千户提刑官，但原本就是市井无赖，气质粗俗至极，而他的那些帮闲却既会吃又能吃还能吃出"滋味"来。书中第五十二回，说西门庆请应伯爵和谢希大吃水面：

不一时，琴童来放桌儿。画童儿用方盒拿上四个小菜儿，又是三碟儿蒜汁，一大碗猪肉卤，一张银汤匙、三双牙箸。摆放

停当，三人坐下。然后拿上三碗面来，各人自取浇卤，倾上蒜醋。那应伯爵与谢希大，拿起箸来，只三扒两咽，就是一碗。两人登时狠了七碗。西门庆两碗还吃不了，说道："我的儿，你两个吃这些！"伯爵道："哥，今日这面，是那位姐儿下的？又好吃，又爽口。"谢希大道："本等卤打的停当，我只是刚才吃了饭了，不然我还禁一碗。"两个吃得热上来，把衣服脱了。

由此可见，书中很多人物的市侩气十足，书中所描写的饮食文化反映出市井饮食风俗，更多些市井暴发户奢侈与庸俗的生活情趣。

延伸阅读

《金瓶梅》中的仿荤素菜

《金瓶梅》中写到了"托荤"，即仿荤素菜。书中西门庆与玉皇庙吴道官素有往来，玉皇庙中的"托荤"素菜就做得十分的精致，以致前来吃斋的杨姑娘都会错把吴道官送上的"烧骨朵"看成是真的而不敢吃，引起了众人的笑声，可见，当时的仿荤素菜已经达到了以假乱真的程度，也说明了道教的素菜体系已经建立并且有了发展。素菜以绿叶菜、果品、菇类、豆制品、植物油为原料，易于消化，富有营养，利于健康。素菜还能仿制荤菜，形态逼真，口味和荤菜相似，越来越受到重视。

第十二讲 中华文艺与饮食

《红楼梦》中的贵族饮食文化

《红楼梦》是中国历史上一部空前绝后的古典小说，不仅有着很高的文学价值、历史价值，其中关于饮馔的文字，更是为我们描写了一幅古代大家族饮食的生动画面，蕴含着丰富的饮食文化。

《红楼梦》把贾宝玉、林黛玉的爱情悲剧放到贾、王、史、薛四大家族兴衰的大背景之下，描述了中国古代社会在政治、家庭、婚姻、教育、道德、文化、财产等多方面错综复杂的矛盾冲突和社会历史变迁。作者曹雪芹不仅是一位杰出的文学家，更精通养生和中医药学。在《红楼梦》中，他不仅描绘了众多栩栩如生的人物形象，更提及了众多的美食佳肴、保健养生方法和饮食文化。从第一回中秋之夜甄士隐邀贾雨春的飞觥献斝，直到第一百十七回邢大舅、王仁、

贾蔷、贾环、贾芸等人一起喝酒行令，从头写到尾都包含着饮食内容，在本书一百二十回提到的食品就多达180多种。

《红楼梦》中的贵族饮食礼仪

贵族饮食虽然不是宫廷饮食，但礼数是不能少的。在书中的第三回"林黛玉抛父进京都"，便让读者从林黛玉的眼中看到了贾府的饮食礼仪：贾母坐在正面的榻上，陪坐的有王夫人，还有迎春、探春、惜春。贾母身后还站立着执拂尘、漱盂、巾帕的丫鬟。王熙凤等人站立在桌旁敬菜劝食，并没有一起进餐。这一顿饭在进行当中寂静无声，应了"食不语"的规矩。饭后，丫鬟会各自上前用小茶盘端上茶来，专门用于漱口。等待洗完手之后，丫鬟又捧上饭后吃的茶。这还不是正式的宴会，只是平日的用餐，但规矩礼数已经如此繁琐。《红楼梦》中写得最热闹、最排场、最有气象的有六回文字、七次宴会，甚至直接写入回目。在这几回书中，《红楼梦》中的主要人

◆ 史湘云醉卧芍药圃　清　费丹旭

物在宴会中几乎悉数登场。

《红楼梦》中的美食名品

《红楼梦》中的贾府，在饮食档次上自然不是普通平民家庭可比的。在书中，作者多次使用"饮甘餍肥""锦衣纨绔""膏粱锦绣""锦衣玉食"之类的形容词，可见贾府在饮食上的讲究。在《红楼梦》各种名目的宴饮活动中有很多名品菜肴，如乳蒸羊羔、鸡髓笋、鹌鹑崽子汤、松瓤鹅油卷、酸笋鸭皮汤等。除了菜肴之外还有很多精致点心，如糖蒸酥酪、奶油松酿卷酥、莲叶羹、枣泥山药糕、如意糕、菊花壳、螃蟹小饺、豆腐皮包子等。

《红楼梦》中有一份乌庄头向贾珍递交的账单，其中就有"鲟鳇鱼两个"，这在当时是属于"贡品"之列的珍贵大鱼，价值连城，普通的百姓难得吃到。在《红楼梦》中，写贾府吃燕窝也是用了很大的篇幅，第十四回秦可卿亏损吃燕窝；第四十五回林黛玉因体弱多病，薛宝钗劝她多滋补调理时说道："每日早起，拿上等燕窝一两、冰糖五钱，用银吊子熬出粥来，要吃惯了，比药还强，最是滋阴补气的。"可见贾府饮食之讲究和奢侈。

《红楼梦》中的贾府特色食品

《红楼梦》中的许多肴馔属于贾府的特色食品，彰显了古代贵族大家庭的饮食特色。在书中第三十五回提到的贾府中的"莲叶羹"，连那薛姨妈都觉得新奇，并对凤姐称赞此汤"你们府上也都想绝了，吃碗汤还有这些样子。"宝玉逃学挨打之后想吃的就是这莲叶羹。莲叶羹是一种花样的面片汤，和好面后用银模子打出花样来，有梅花、菱角、莲蓬等三四十种形状。做成后借一点莲叶的清香，用好汤煮成。

糖蒸酥酪也是贾府中的一道特色食品，是加糖的牛奶，还有人考证其为酸奶，是贾妃赐给宝玉的，奶母李嬷嬷却悄悄地偷喝了一碗。除此以外，贾府还有"奶油松瓤卷酥""豆腐皮包子""火腿鲜笋汤""大肉白菜汤"以及宁国府的"糟鹅掌鸭信"等特色菜。

《红楼梦》把中国古典贵族饮食文化写得气象不凡、人物风流，其饮食暗含家族的兴衰。作者在贾府饮食方面不惜笔墨的描写，让我们看到了清代官宦之家的饮食风俗。这部书不仅在中国文学史上占据不可撼动的地位，更给中国烹饪历史提供了众多研究的史料和素材。

延伸阅读

贾府特色菜"茄鲞"的做法

贾府中特色菜众多，最让人感兴趣的还是那道取材平常、制作却极其繁复的"茄鲞"。这道贾府特色菜曾经让刘姥姥这样的普通百姓惊叹不已："我的佛祖！倒得十来只鸡配它，怪道这个味儿！"他请教凤姐这道菜的做法时，凤姐说道："这也不难。你把才下来的茄子，把皮刨了，只要净肉，切成丁子，用鸡油炸了。再用鸡肉脯子合香菌、新笋、蘑菇、五香豆腐干子、各色干果子，都切成丁儿，拿鸡汤煨干了，拿香油一收，外加糟油一样，盛在瓷罐子里封严了。要吃的时候儿，拿出来用炒鸡瓜子一拌就是了。"

第十三讲
中华饮食典故

西施与"西施玩月"

西施是中国古代四大美女之一，她的传奇故事在中国家喻户晓，在中国历史上还诞生了与西施有关的中华传统美食。

西施是春秋末年越国贫苦人家的卖柴女子，相传为中国古代的绝色美女。越王勾践为了报仇雪耻，命大臣范蠡选送西施进献给吴王夫差，想以她的美色来迷惑夫差。在中国历史上有关西施的故事里，还诞生出了享誉华夏大地的美食。

在苏州地区有一道美味的菜肴，名叫"西施玩月"。此菜是由鸡蓉、鱼蓉等做成的丸子为主料，以春笋片、火腿片、小青菜

心、香菇片等和鸡汤为辅料，搭配烹制而成。菜肴汤汁清澈，丸子洁白无瑕，汤里还漂着青菜、竹笋等青翠的菜类，不仅味道鲜美，菜色更是清新动人。据说，这道菜的创制灵感源于西施在苏州灵岩山赏月的故事。

西施相貌美艳，聪明伶俐，被送到吴国以后，夫差对其宠爱有加。但是西施心里一直想着故乡，不管吴王对她如何千依百顺，都难见她的笑容。临近中秋的一天傍

◆ 西施故里。浙江诸暨市城南苎萝山下浣纱江畔

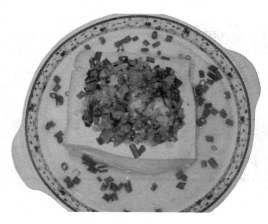

◆ 西施豆腐

并把身旁的水池命名为"玩月池"。

到了中秋之夜，为了让西施忘掉思乡的痛苦，夫差下令在"玩月池"边设宴，邀西施前来赏月。席间厨师端上了一道色泽艳丽、肉质细滑、汤鲜味美的菜肴。西施品尝后觉得很好吃。夫差问厨师菜名，厨师回答此菜名为"西施玩月"。夫差听后很高兴，看那菜的盘子就像"玩月池"一般，菜中白丸子好似天空中的圆月。原来，西施在玩月池边捧月的故事传到了厨师们的耳朵里，他们为了讨好吴王夫差，也为了取悦于西施，费尽心思烹制了这道美味的菜肴。

此后，这道菜传到了民间，江浙地区的人们在全家团聚的中秋之夜，总是一面品尝佳肴"西施玩月"，一面观赏天上圆圆皓月。这道菜不仅味道鲜美，更让西施戏弄夫差的故事代代流传。

晚，苏州灵岩山上月光皎洁。夫差为了讨得西施的欢心，就在一泓池水边摆了一桌丰盛的酒席，请西施一起赏月。席间难免要饮酒，但洁白的圆月再一次让西施想起了故乡，她无心饮酒。夫差三番五次对其劝酒，西施机智地回应："我可以喝酒，如果大王能把天上的月亮捧在手中，不要说喝下这一杯酒，我还要连敬大王三杯。"夫差一听这话，大吃一惊，并笑着说："我倒是有一个提议，如果你能将这如玉皓月捧在手中，我愿像狗一样在地上爬三圈。"西施思索之后，便默默向池边走去。她双手从池中捧起一杯清水，对夫差说："大王请欣赏掌中的圆月。"夫差从西施掌中看到了月亮的倒影，圆月在西施掌中微微移动显得光彩夺目，旁边西施的容貌与月色相映衬，使这一幕景色更加美丽迷人。夫差看到这景象，不禁脱口叫到："好一个西施玩月！"

夫差认输了，只好在地上绕场爬了三圈。看到夫差爬行的愚笨姿态，西施仿佛联想到越国复仇的那一刻，马上笑出声来。这一幕是夫差求之不得的，他随即拍手称快，

项羽与"霸王别姬"

项羽是中国古代著名的勇士，其与虞姬的爱情故事也被人们广为传颂。在中华饮食文化之中，也诞生了与项羽有关的经典菜肴。

秦灭亡后，刘邦和项羽两支反秦主力军陷入了争斗。公元前206年，项羽自封为"西楚霸王"，定彭城为都城。相传项羽有一位爱妾，姓虞，美丽贤惠，人们称她为虞姬。虞姬不仅能歌善舞，还擅长烹饪，她随项羽南征北战，为项羽歌舞助兴，还常为他烹饪菜肴。

西楚霸王与"烧杂烩"

苏北地区，自古以来就流行着宴饮之时吃烧杂烩的饮食风俗。关于烧杂烩的来源，当地人都认为与当年的西楚霸王项羽有关。相传，项羽为人有两个特点：身边没有其他姜室，只有虞姬一人与其相伴；每餐只吃一道菜。项羽还要带兵打仗南征北战，为

◆ 霸王别姬

◆ 项羽像

了能保证项羽有个强健的体魄，厨子们把鸡肉、鱼肉放在一起，精心烹调，献给项羽。项羽对这道菜赞不绝口，胃口大开，瞬间就把这道菜吃个精光。后来，他下命令，为了节省时间，厨子们要按照这种做饭的方式烹制菜肴。为了让杂烩菜不单调，厨师们就选用不同的搭配原料。后来，人们为了怀念西楚霸王项羽，经常在家中烹制这道菜。"烧杂烩"也就逐渐在民间流行起来了。

"霸王别姬"诉别情

"霸王别姬"是一道以甲鱼和母鸡为主料烹制的安徽风味菜肴，也是徐州的古典名菜。"霸王"指甲鱼，"虞姬"指鸡肉。霸王别姬原指项羽和爱妾虞姬在兵败后生死离别的悲剧。公元前202年，项羽被刘邦逼到垓下，士卒少而粮食尽。到了夜晚，刘邦的军队在四面都唱起了楚地的歌曲。项羽十分吃惊，认为楚地已经被刘邦全部占领了，他决定要突围。项羽面临着一个两难的抉择，他带虞姬走还是不走，是一块突围还是留下虞姬？他在《垓下歌》最后一句说"虞兮虞兮奈若何"？项羽觉得突围能否成功，都是一个未知数。项羽慷慨激昂地唱起了悲壮的歌曲，虞姬也跟着唱。项羽的眼泪不停地往下流，两边的随从都哭了。一曲既罢，虞姬自刎而死，项羽则率精锐突围，但仍被逼困在乌江，自刎身亡。项羽与虞姬最后的诀别，成了传唱千古的凄美绝响。

由于"霸王别姬"菜肴的创制思想与项羽和虞姬有关，再加上菜名中的"别""姬"与主料中的"鳖""鸡"谐音（甲鱼俗称鳖），更给这道菜增添了深刻的寓意。这道菜以别致的造型，鲜美的味道，爽滑的口感和醇厚的汤汁闻名于世，人们在品尝这道菜肴之时，也会想到当年楚霸王的英勇和虞姬的美丽哀怨。

延伸阅读

刘邦与牛肝炙

清代《调鼎集》中有关于牛肝炙的记载："生肝切片，拌蒜汁、盐酒，网油卷，炭火炙熟"，可见，清朝的牛肝炙做法与汉代并无两样。时至今日，这道菜依然盛行于民间。

在打败项羽之后，汉高祖刘邦登基。每次进膳之时，他总喜欢把牛肝炙、鹿肚炙放在食案之上。根据晋代《西京杂记》中的记载："高祖为泗水亭长，送徒骊山，将与故人决去，从卒赠高祖酒二壶，鹿肚、牛肝各一；高祖与乐从者，饮酒食肉而去。后即帝位，朝晡尚食，常具此二炙，并酒二壶。"由此可知，刘邦当年南征北战打天下的时候，就是用这道菜肴壮行的，为了不忘记当初的艰难和困苦，他就经常把这道菜放在食案上，用来提醒自己。

曹操与"曹操鸡"

"曹操鸡"是安徽省合肥市的一道名菜，民间又称其为"逍遥鸡"，菜肴味道鲜美，食后令人难忘，更蕴含着丰富的内涵，其流传与曹操有着千丝万缕的联系。

"曹操鸡"是一道安徽传统风味菜肴，烹制此菜要用整鸡，涂满蜂蜜之后油炸，还要用多种调料卤煮，焖到酥烂而成。这道菜色泽艳丽，香而不腻，食用之后留香长久而且具有一定的食疗保健功能。安徽风味菜的最大特征是讲究食补，讲究医食同源，因此，"曹操鸡"也是药膳的传统菜肴。

这道菜肴和三国时期的曹操有着紧密的联系。公元208年，曹操统一北方后，统率数十万大军从洛阳南下征伐东吴，进攻荆州。当时刘表刚刚去世，其子刘琮被曹军的气势所震慑，上表投降曹操。刘备无奈之下只好向江陵撤退。不久之后，曹军攻下江

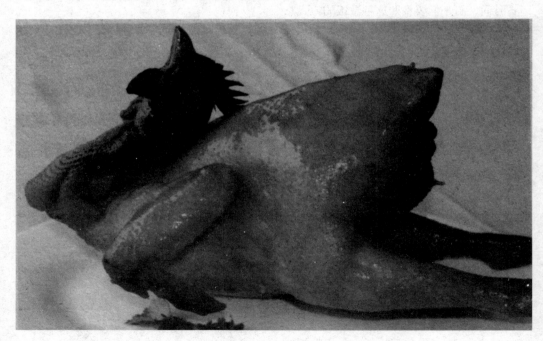

◆ 曹操鸡

◆ 曹操像

客观来看，曹操吃的这道药膳鸡只能适当地缓解他的疼痛症状，对其病症起到辅助治疗的作用，不能完全根治他所患的顽疾。在公元220年，曹操还是因头痛病发作而去世。虽然曹操去世了，但是合肥特产"曹操鸡"却在民间流传开来。后世人们经过不断改进烹饪技术，使得这道菜的味道也越来越被人们喜爱，并声名远播。现在的这道菜肴，选用安徽当地土产上等"伢鸡"作为主料，并搭配上了杜仲、天麻、冬笋等十几种名贵中草药作为辅料，更配上了曹操家乡的古井贡酒，风味更加独特诱人，营养和药用价值也很高。

陵，沿江东下，刘备驻守在夏口，情势十分危急。军师诸葛亮采取了联吴抗曹的对策，亲自前往东吴劝说孙权。东吴都督周瑜和鲁肃等主战派集结了兵力，在长江一带布防，不久就形成了孙刘联合抗曹的局势。

在历史上著名的赤壁之战前，曹操走到庐州（现在的合肥）之时，旧病突然发作，头痛不已。曹操被病痛折磨得卧床不起，多日未曾进食。手下的众将群龙无首，十分焦急。这时，随军医生让厨师找来嫩仔鸡，配上中药烹制让曹操品尝。曹操尝后觉得鸡肉美味无比，食欲大增，病痛症状也减轻了。曹操连吃了几天后身体也逐渐康复。从此，曹操所到之处，都要经常吃这种药膳鸡。久而久之，人们看到这种药膳鸡不仅营养美味，而且还能防病治病，就纷纷效仿这种烹饪方法。最后，民间索性将它命名为"曹操鸡"。

延伸阅读

左慈用"松江鲈鱼"戏曹操

相传，松江鲈鱼产于上海松江县城北的秀野桥，很早就名扬天下。松江鲈鱼肉质洁白鲜嫩，没有刺和腥味，是野生鱼类中最鲜美的一种。它与太湖银鱼、黄河鲤鱼、长江鲥鱼一同被称为"中国四大名鱼"。松江鲈鱼也具有其他诸鱼不可比拟的营养价值，其颊部之肉和鱼肝的味道都十分鲜美。用此鱼做成的菜肴，色泽洁白，肉质爽口，汤汁醇厚，味道异常独特。在《三国演义》当中，一折左慈戏曹操的故事更给松江鲈鱼增添了传奇色彩。

据传，一年冬天，曹操在许昌宴请群臣。这时来了一位名叫左慈的人，他望见宴席之上有一道鱼，说道："吃鱼还要吃松江鲈鱼。"曹操闻听此话，反问道："许昌离松江千里有余，到哪儿去取松江鲈鱼呢？"左慈说："我能替您钓来此鱼。"话音刚落，他就拿了一根鱼竿，来到宴厅前的池子里钓鱼，一会儿就钓上来几十条鲈鱼。曹操说："我的池里本来就养有鲈鱼。"左慈说："天下的鲈鱼只有两腮，而松江鲈鱼却有四腮。"大家一看，这鲈鱼真的是四腮。

张翰与"莼羹鲈脍"

在江南吴地，自古以来有一道美味的菜肴叫"莼羹鲈脍"，历史上还流传有西晋张翰因此辞官归家的佳话。这道菜不仅反映了魏晋时代吴人饮食上的习惯，更是中华美食由肥腻到清淡的转变标志。

北魏贾思勰在《齐民要术》中记载了脍鱼莼羹的做法，并且说莼菜生茎而未展叶，称其为"雉尾莼"，第一肥美。烹饪时，鱼和莼菜均要放到冷水中，并且要另外煮豉汁作琥珀色，用以调羹的味道。

莼羹中的莼是一种极其平常的水生植物，又叫做"水葵"，古代又称为"蕁"，是水生的本草，叶子浮于水面之上，其叶细嫩可做羹。用莼菜作羹已经有着很悠久的历史了，从晋人偏爱莼羹的清淡和鲜嫩胜于其

◆ 西湖莼菜羹

他蔬菜就可以看出，晋代已经开始了一种新的饮食风尚和饮食观念，即追求清淡的菜肴。作鲈鱼脍的鲈鱼，民间又称其为"媳妇鱼""花姑鱼"，是生活在长江下游的近海鱼类，人们经常在河流的入海口处捕到，其肉质鲜美，是江南的珍贵特产，历来被誉为东南美味。

鲈鱼、莼菜的滋味隽永、清新，而张翰"莼鲈之思"的典故更让它名满华夏。"莼鲈之思"的典故出自《晋书·张翰转》，南宋刘义庆在《世说新语》里面也有相关的记载。西晋有个文学家张翰，是江南吴人（今江苏苏州人）。他的父亲曾经是三国孙吴的大鸿胪张俨。晋初风行封同姓子弟为王，司马昭的孙子司马冏被袭封为了齐王。"八王之乱"中，齐王迎惠帝复位立下了大功，拜为大司马，执掌了朝政大权。张翰当时就在司马冏手下为官。他见司马冏骄奢淫逸，专横跋扈，就预言司马冏必然走向失败。张翰为人纵放不拘，很有才华，又写得一手好文章，世人都说他有阮籍的风度，所以给他一个称号叫做"江东步兵"。他

◆ 鲈鱼

想到自己很可能会受到司马冏的连累，在瑟瑟秋风之中他又想起了家乡的莼菜、莼羹、鲈鱼脍，他突然觉得：人生最可贵之处在于舒服和自由，为什么要千里迢迢如此辛苦地为了追求官位远离家乡呢？于是他急流勇退，辞官归里。他归隐之后不久，长沙王发兵攻打司马冏，齐王终究被讨杀，张翰则幸免于难。

根据《本草》当中的说法，莼鲈同羹还可以下气止呕，这又给张翰在抑郁之时思念家乡莼鲈的说法提供了一些重要的证据。人们都说张翰有先见之明，所谓的思念家乡的莼羹和鲈脍，其实只是他的抽身借口罢了。后人常用"莼鲈之思"作为归隐的代名词。唐代白居易有诗曰："秋风一箸鲈鱼脍，张翰摇头唤不归"，南宋辛弃疾在《永遇乐·京口北固亭怀古》中说："休说鲈鱼堪脍，尽西风，季鹰归未"，吟诵的都是这件事。

对张翰因思念家乡美食而弃官还家的举动，诗人们不仅能够理解，而且多对其表达了襄扬的态度。唐代人也热衷莼菜鲈鱼，到了宋代，诗人们似乎兴趣更浓。苏东坡有妙句："季鹰真得水中仙，直为鲈鱼也自贤"。欧阳修为张翰写过很有感情的诗："清词不逊江东名，怆楚归隐言难明。思乡忽从秋风起，白蚬莼菜脍鲈羹"。不少诗人还因迷恋张翰莼鲈之思的典故，亲自来到江南感受莼菜鲈鱼的美味，尽管这莼菜和鲈鱼的产地并非他们的家乡，但也会借题发挥，抒发一下自己的思乡之情。陈尧佐有诗云："扁舟系岸不忍去，秋风斜日鲈鱼乡"。米芾诗曰："玉破鲈鱼霜破柑，垂虹秋色满东南"。陆游曰："今年莼菜尝新晚，正与鲈鱼一并来"。宋代谈明在其《吴兴志》中说到鲈鱼，有"肉细美，宜羹，又可为脍，张翰所思者"的记载，可见在江南吴地，这道美味的菜肴连同张翰回乡的美名一起传遍了中国。

延伸阅读

同样喜爱莼羹的江南名士

在《晋书·陆机传》中也有一则让莼羹获得盛誉的故事。和张翰同是吴郡人的晋代书法家、文学家陆机也钟爱莼羹。相传，陆机到了洛阳之后，就去拜访侍中王济，王济指着羊酪对他说："你们江南什么食品可以和北方的这种美味的羊奶酪相媲美呢？"陆机说："千里莼羹，未下盐豉。"尽管同样喜欢莼羹，但是陆机的结局却和张翰不同，他在八王之乱中殒命。

杨贵妃与"贵妃鸡"

杨贵妃是中国古代四大美女之一，中国民间流传着许多关于她的故事。风靡华夏大地的名菜"贵妃鸡"相传就与她有关。

陕西有一种名叫"贵妃鸡"的美味菜肴，民间又称其为"烩飞鸡""贵妃鸡翅""酒焖鸡翅"。这道菜以鲜嫩的母鸡为主料添加上好的红葡萄酒一起烹制而成，味道鲜美异常。

相传，贵妃鸡是根据唐玄宗的妃子杨玉环贵妃醉酒的故事灵感创制而成的。杨贵妃不仅长相美艳，充分体现了唐朝人推崇的雍容富态之美，而且她还通晓音律、能歌善舞，唐玄宗对其宠爱异常。一天，唐玄宗约杨贵妃到百花亭赏花饮酒，他却因梅贵妃的纠缠而迟到了，杨贵妃因此忧郁地自斟自饮起来。等唐玄宗来到百花亭时，天已经黑了，皓月当空之时杨贵妃也有了些许醉意。唐玄宗要饮酒赏月，便让杨贵妃起舞助兴。此时的杨贵妃，带着浅浅的醉意，面若桃花，悠然起舞，显得更加婀娜多姿、美丽动人。因此也就有了"贵妃醉酒"的典故。

杨贵妃平时非常喜欢吃荔枝，除此之外，她最爱吃的菜肴便是鸡翅。宫廷的厨师从贵妃醉酒这件事上得到启示，烹制出了"贵妃鸡"这道菜肴。由于厨师们烹制时选用了上好的红葡萄酒当成辅料烹调，也给这

道菜增添了几分传奇色彩。

贵妃鸡这道菜虽然流行多年，但是各种菜典上对其产生的时间、地点、创制人都没有确切的明文记载。民间流传有一种说法，认为杨贵妃在等待唐玄宗未到而陷入忧郁之时，厨师出于排遣她愁绪的目的，特地用她喜欢吃的鸡翅精心烹制了这佳肴，并在鸡汤之中加入了红葡萄酒。杨贵妃虽深陷忧

◆ 贵妃晓妆图

◆ 杨贵妃上马图(局部) 元 钱选

郁之中，但却不能抵挡菜肴的美味和精致，也开怀畅饮起来，醉卧花丛，留下贵妃醉酒的佳话，贵妃鸡也因此名声大振。民间还有一种说法，认为起初有一道菜名叫"烩飞鸡"，深受文人墨客们的喜爱。由于有了贵妃醉酒的典故，便根据"烩飞"的谐音将其改为"贵妃"，于是"烩飞鸡"变成了"贵妃鸡"，也隐喻了贵妃醉酒之意。

在品尝味道鲜美的贵妃鸡之时，我们都会联想到贵妃醉酒的场景，回想起白居易

的名篇《长恨歌》，中华饮食文化和历史就能达到很好的交融，令我们感慨良深。

◆ 贵妃鸡翅

延伸阅读

与著名美人有关的菜肴

在中国的西北地区，流行有一种以王昭君命名的"昭君皮子"，这是人们在炎炎夏日非常喜爱的一种酿皮。其做法是将面粉分离成面筋和淀粉，并且用淀粉做成面条，将面筋切成薄片状，搭配同食，还可以用麻辣调料搭配，味道酸辣爽口。在民间还流传一种名叫"昭君鸭"的菜品，这种菜肴是由粉条、面筋和肥鸭一起烹饪而成的。相传，出塞之后的昭君不习惯匈奴的面食，于是厨师就将油面筋和粉条泡在一起，用鸭汤煮，深得昭君的喜爱。

在民间，还流传着与中国历史上四大美人之一的貂蝉有关的菜肴。有种名叫"貂蝉汤圆"的小吃，相传王允请人在汤圆中加上了生姜和辣椒，董卓食用了这种醇香味美、麻辣诱人的汤圆之后，大汗淋漓，有种微微的醉意，不知不觉中就被吕布所害。还有一种名叫"貂蝉豆腐"的菜肴，民间又称其为"泥鳅钻豆腐"，这种菜肴豆腐洁白，鲜美之中带有微辣之感，味道浓香。

李白与"太白鸭"

李白是唐代著名的大诗人，他的诗句不仅名留千古，其在美食上也有着颇高的智慧。中国著名的菜肴"太白鸭"，相传就起源于李白。

李白是享誉华夏的唐朝诗人，他的诗歌诗风豪放，语言华美，音律和谐多变，意境波澜壮阔，有"诗仙"之誉，他的作品在中国文学史上产生了巨大而深远的影响。他愤世嫉俗，藐视权贵，放荡不羁，因而也留下许多传奇和佳话。

李白嗜酒是众人皆知的，纵观中国历史，自从出现了"酒仙"这一雅称，酒仙就层出不穷地涌现出来。唐代中期，人们称嗜酒的贺知章、李琎、李适之、崔宗之、苏晋、李白、张旭、焦遂为"酒八仙"。八仙之中嗜酒最著名的就是李白了。同样为唐代诗人的杜甫在《饮中八仙歌》说道："李白一斗诗百篇，长安市上酒家眠。天子呼来不上船，自称臣是酒中仙。"

李白爱酒，他所做的酒诗也很多。他的酒诗中有很多著名的篇章，《月下独酌》就是其中的佳作之一："花间一壶酒，独酌无相亲。举杯邀明月，对影成三人……三杯通大道，一斗合自然。但得醉中趣，勿为醒得传……穷愁千万端，美酒三百杯。愁多酒虽少，酒倾愁不来。"还有那千古绝唱《将进酒》："君不见黄河之水天上来，奔流到

◆ 太白醉酒图 清 苏六朋

◆ 太白鸭

海不复回。君不见高堂明镜悲白发，朝如青丝暮成雪。人生得意须尽欢，莫使金樽空对月。天生我材必有用，千金散尽还复来。烹羊宰牛且为乐，会须一饮三百杯。"这首诗是荡漾在诗人心中的一曲痛苦的悲歌，李白似乎希望把自己的忧愁都消融在酒杯之中。

李白不但爱喝酒，还是一个能烹制出精制菜肴的美食家。相传，风靡大江南北的著名菜肴"太白鸭"就是他所创制的。一天，一位朋友前来看望李白，并且还带来了一只鸭子和一坛黄酒。李白就地取材，用朋友带来的鸭子和黄酒做一道新菜下酒。他先把鸭子放到开水中略烫一小会儿，然后将盐、胡椒粉、料酒搅拌在一起涂在了鸭子的内外，并把其放到瓦罐里，加入葱、姜、料酒、枸杞、老汤等辅料，用皮纸把罐子封好，再把瓦罐放到笼屉里用旺火蒸了三个小时，最后，他将鸭子和汤一起取出来放到汤盆里。制成后的菜肴，鸭肉细腻，汤汁鲜美甘醇。朋友吃了后赞不绝口，之后，便与李白一醉方休。

为了能让李白得到皇帝的重视，李白的朋友为其出谋划策，让他把这道美味的鸭子送到宫中给同样是美食家的皇帝品尝，说

不定会让皇帝改变对李白的态度。李白认为朋友的建议非常有道理。之后，他便请人将鸭子送进宫中给唐玄宗食用。唐玄宗吃了李白做的鸭子十分高兴，立即会见了李白。李白的本意是借这道菜面见皇帝讲述自己治国安邦的策略，但是唐玄宗只是对这美食感兴趣，却无心听他谈论治国大事。李白非常失望，这次会面也就不欢而散了。最后，李白心灰意冷，并且决定离开朝廷。李白走后，唐玄宗把李白做的这道鸭子菜命名为"太白鸭"，并把它作为宫廷宴席的保留菜品。虽然李白怀才不遇，政治抱负没能在朝廷中得到施展，但是他却给世人留下一道精致美味的食品和一段千古佳话。

延伸阅读

李白唤高力士脱靴

相传，李白在他42岁那年，由道士吴筠推荐，来到了当时的都城长安，唐玄宗李隆基命他官为翰林。一次，李白和酒友醉倒于市中，正好赶上皇帝心有所感，招其作诗。李白出口成章，所作诗句婉丽清新。皇帝非常高兴，并对其大加赞赏。一次，李白醉倒在了皇帝的宫宴之上，并且要让当时深受杨贵妃和唐玄宗宠信的宦官高力士为之脱靴子。高力士感觉受到了侮辱，在皇帝和贵妃面前进献谗言，说尽李白的坏话。李白逐渐的被朝廷所疏远了。后来，他越来越感到自己不会被重用，于是就告别官场，开始了云游四海、遨游八方的人生之旅。

苏轼与"东坡肉"

浙江杭州有一道名叫"东坡肉"的传统名菜,这道菜与宋代著名文学家苏轼有关系,当地人通过这道菜表达出了对苏轼的怀念和爱戴之情。

自古以来,杭州风景如画,吸引了不少文人墨客前来览胜,在游览之时人们也不会忘记吃上当地传统名菜"东坡肉"。这道菜肴色泽红润、细嫩糯烂、香气四溢,以苏轼的名字命名,更增添了它的浪漫色彩。

苏轼,字子瞻,号东坡居士,梅州眉山人。苏轼是一位才华横溢的文学家,更是一位懂吃善做的美食家。他一生仕途颠沛,曾经到过各地为官,尝遍了大江南北的佳肴,并且留心考察各地烹饪方法,著有《黄州寒食诗贴》《老饕赋》《酒经》等饮食名篇。苏轼在贬居黄州时曾写《煮肉歌》:"洗净锅,少著水,柴水罨烟焰不起,待他自熟莫催他,火候足时他自美。黄州好猪肉,价钱如泥土。贵者不肯吃,贫者不解煮。早晨起来打两碗,饱得自家君莫管。"从中不难看出他的饮食思想。

苏轼非常喜爱吃肉,经常有人烧好了肉请他过去品尝。苏轼也擅长烹饪肉类,经常亲自下厨烹饪,创制了很多名馔。后世流传了很多与苏轼有关的膳馔,"东坡肉"就是其中之一。宋代人食肉,大多数都不会把猪肉煮烂。苏轼发现了煮烂的肉比腱肉好

吃,就一直向外界宣传。由于他是受人爱戴的文学家,所以大家都比较乐于接受他的建议。南宋文学家周紫芝曾经在《东坡诗话》中详细描述了这件事。

苏轼在杭州知州任职时,致力于西湖的疏浚,改善了当地的环境,给后人留下了一块修身养性的宝地,至今杭州西湖上还有以他名字命名的"苏堤"。他还用湖水灌溉农田,解决了当地很多人的温饱问题。当地百姓为了表达对他的感恩之情,每到逢年过节之时就会经常带着礼物前来探望。苏轼不想收下这些礼物,又不能拒绝人们的美意,只好只留下肉,回绝其他的礼品。每当收下

◆ 东坡肉

◆ 苏轼像

有些人很嫉妒苏轼，在皇帝面前陷害苏轼，上奏折说：苏轼为官不端，杭州的人民都痛恨他，大家都争着吃东坡之肉。昏庸的皇帝闻听此言又把其贬谪到了海南。但是，善良的杭州人至今都感念苏轼的功绩，"东坡肉"至今还有很高的声誉。

肉后，他就会派人将猪肉切成方状，放到锅内焖到红酥香嫩，再拿来疏浚西湖工人的名单，每家每户送一份肉，让大家共同庆祝节日。杭州城内的百姓们都称赞他，为了表示对他的爱戴，人们就把他送来的肉命名为"东坡肉"。

不久之后，杭州城内有家菜馆推出了菜肴"东坡肉"来招揽生意，果然受到人们的喜欢。人们都争相前往品尝，这家菜馆生意越来越兴隆起来。其他的菜馆见状也纷纷效仿起来，后经过饮食行业的一致同意，当地把"东坡肉"推选为杭州名菜之首。

延伸阅读

"东坡鱼"的故事

相传，苏轼在杭州任职时，与佛印和尚交往甚密。有一次，苏轼到寺院去访问佛印。佛印早就知道这件事，专门准备了清蒸的西湖鲜鱼招待他。为了和苏轼开玩笑，他将鱼藏在了桌子旁边的磬内。苏轼刚进屋子他就闻到了香味，他看着桌旁，装作叹息。和尚很纳闷儿，于是询问他。

佛印问："先生为什么那么愁眉不展呢？"苏轼说："我苦思了一联'向阳门第春常在'，苦于下联难对，敢请赐教一二。"佛印说："这有什么难的呢？可以对'积善人家庆有余'就是了。"苏轼说："且慢着。我是——向阳门第"。佛印答："我是——积善人家"。苏轼说："我是——春——常——在。"佛印答："我是——庆——有——余。"

苏轼说完大笑，佛印顿时醒悟。二人异口同声说："磬里有鱼啊！"苏轼赶忙要求佛印把藏起来的鱼拿出。佛印说："吃鱼可以，你可得说出这鱼的名字。"苏轼看了看这鱼说："五柳鱼，谁不知道呢？"佛印接着说道："你再仔细看看，这鱼身长长的有多白净！像书生脸。深色的刀痕和长胡须很像啊！"苏轼一听乐着说："这鱼既然酷似东坡，干脆就叫他'东坡鱼'吧！"从此，西湖的清蒸五柳鱼就改名为"东坡鱼"，成为杭州的一道名菜。

米芾与"满载而归"

中国湖北地区有一道名满中华的菜肴，名叫"满载而归"。这道菜选用的主料是鳜鱼，它的由来和宋代著名书画家米芾有一定的关系。

240

"满载而归"这道菜是湖北襄阳地区的传统风味菜肴。这道菜将鳜鱼炸成船的形状，之后将猪肉馅用蛋皮包成元宝形放在鱼上，再将虾仁、笋丁、葱花等辅料煸炒，加调料汁勾芡而成。这道菜看是一道象形工艺菜，它形如彩船，装载着金元宝，滋味酸甜适中，鱼肉不仅外焦里嫩更酥脆可口，元宝鲜香爽口，菜名又极富诗意，令人回味无穷。谈到这道菜就不得不谈到宋代著名书画家米芾"满船书画米襄阳"的故事。

米芾是中国历史上著名的书画家，北宋人，字元章，号海岳山人、襄阳居士，祖籍山西太原，后迁居襄阳，故有"米襄阳"之称。米芾是著名的北宋四大书法家（苏轼、黄庭坚、米芾、蔡襄）之一，他的书画自成一派，并且精通于书画方面的鉴别。米芾曾经任职校书郎、书画博士、礼部员外郎等。他不仅长于篆、隶、楷、行、草等书体，还擅长临摹古人的书法，常常能达到以假乱真的地步。

米芾曾经官居安徽无为通判，他的上司是位姓麦的知州。麦知州是个搜刮民脂民膏的能手，四处欺压百姓，当地百姓都在暗

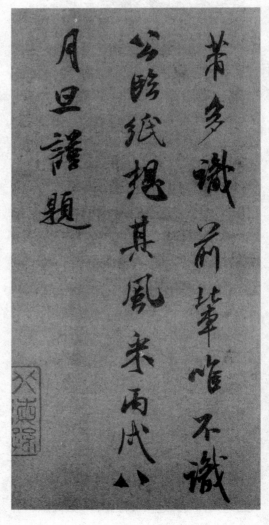

◆ 米芾书法作品

地里叫他"面老鼠"。米芾为官清廉，做人正直，他不想向这位知州低头，每逢参加每月逢单日州衙里的朝拜议事，米芾就感到很不开心。后来，他想出了一个办法，每逢单日去衙门之前，他就让家里人把他收藏的珍奇古石摆出来，他穿上朝服，像拜上司一样拜石头，边拜还边说道："我宁可去拜无知的石头，也不想拜你这只肮脏的面老鼠。"每次拜完后，他就会觉得心里很舒服，随后才会到衙门参拜议事。

虽然这个办法能暂时缓解他心中的郁闷，但是时间一长，他还是感到很恼火，非常不愿与这位"面老鼠"为伍，于是就写了帖子派人拿给知州看。麦知州看了大怒，原来帖子上写道："经启无为州正堂：通判米芾，狂妄不法，每逢开衙议事，即具朝服拜石，然后入衙，实为侮慢朝廷命官。拜石时，还口中念念有词：宁拜无知石，不参面老鼠，大堂是魔窟，吸髓搞贪污！知名不具。"这位"面老鼠"很早就看米芾不顺眼了，很想除掉这个祸患，这下他有了借口，立即禀报朝廷说：米芾拜石，侮辱朝廷。

不久，朝廷的革职圣旨来了，米芾于是就租船携带家眷离开了。以"面老鼠"为首的这一伙贪官，没打算轻易放走米芾，他们狼狈为奸地谎称米芾盗窃了国家财宝要乘船潜逃。机智的米芾早就算准他们会用这样的手段，于是故意在船头摆满了纸箱子、空盒，还用黄箔、锡纸做成闪闪发光的元宝。这样一来，官兵们竟在如此引诱之下紧追米芾，想当场查获船中的赃物。谁知等到官兵追上船，才知道那些"金银财宝"其实是给

◆ 米芾拜石雕塑

阴曹地府官兵的买路钱。官兵们再打开箱笼一看，都是些笔、画纸和米芾平日所创作的书画作品。

这件事情之后，"满船书画米襄阳"的传说就在民间传开了。当地的厨师从这个传说故事当中得到了启示，便烹调出"满载而归"这道美味佳肴。

延伸阅读

"满载而归"的烹制方法

"满载而归"这道菜需要选用桂鱼、瘦猪肉、摊鸡蛋皮、虾仁、笋丁做主要原料，之后还要配上青红辣椒、干淀粉、猪油、白糖、醋、葱花等佐料。首先要将桂鱼去脊骨，不破头，要留尾，鱼身切成十字花刀，不能切断，在鱼身拍上干淀粉，再将瘦猪肉剁成茸状，加佐料，用鸡蛋皮包成元宝状。在炸前，应先将鱼身定型，设计翻转成船形，使头尾翘起，"船"身侧平稍内曲，再用漏勺托起下锅炸制。炸完之后要放在盘子里，再把炸好的元宝放在鱼上，将余油倒出，锅内留少许油，煸炒佐料，等有香味时再放糖醋熬汁，待烧开后浇在鱼身上，这个菜就做好了。

第十三讲 中华饮食典故

241

乾隆与"鱼头豆腐"

在杭州地方风味菜肴中，有一道以花鲢鱼头和豆腐为主料烹饪而成的菜肴，名叫"鱼头豆腐"，味道独特、鲜美异常。这道菜肴从自家餐桌的家常菜成为人尽皆知的江南名菜，据说和乾隆皇帝当年下江南巡游有关。

乾隆皇帝是清朝第四位皇帝清高宗，名爱新觉罗·弘历，年号乾隆，1735—1795年在位。在乾隆皇帝在位的60年内，清朝的国力达到强盛。

乾隆在位的中后期，曾经几次到江南微服巡视。相传，一次乾隆皇帝微服私访来到风景如画的杭州。一天他在游览观光之时，突然下起了瓢泼大雨。由于是微服私访，又没有带雨具，他只能来到附近一户人

◆ 鱼头豆腐

家的屋檐底下躲雨。雨越下越大，此时已到了午饭时间，乾隆皇帝等人又饿又冷。这户人家的主人叫王小二，是一家小餐馆的伙

计。他见有人躲雨，急忙将乾隆皇帝等人请到屋里。当知道他们想在家里找些东西吃时，王小二为难地说："客官，家里贫寒，没有好吃的东西招待你们。只有一块豆腐，请你们将就着吃。"王小二拿出那块豆腐，又找出半个鱼头，一起放在沙锅中煮起来，等到快端锅时又在里面加了些菠菜。菜端上桌子时，饥饿的乾隆皇帝见到热腾腾的饭菜，高兴地吃了起来。他一边吃着饭菜，一边品尝着这道菜的味道。此时乾隆皇帝觉得这道鱼头豆腐美味异常，胜过平时吃的那些山珍海味、美味珍馐。特别是菜中那鲜香可口的汤汁，喝一口浑身都感到温暖和滋润。

乾隆皇帝吃饱了饭，还在回味鱼头豆腐的滋味，这时雨也停了。乾隆皇帝对王小二说："你的菜做得很好吃，自己可以开个小店啊！"王小二苦恼地说道："我自小家境贫寒，除了炖豆腐别的菜也不会，哪有本事能开店呢？"乾隆皇帝想了想说："我可以给你些银两做开店本钱，你就做那道'鱼头豆腐'，我再给你写个匾牌，你会赚到钱的！"说完便拿出纸笔，写下了"皇饭儿"

◆ 乾隆朝服像

质，这道菜不仅具有对人身体有益的营养价值，补充人所需的物质，还味道鲜美。

在孙中山的家乡，人们都很喜欢吃咸鱼，但是平时却剩下鱼头不食用，而孙中山先生却喜欢用鱼头煮豆腐。豆腐也是很有营养的食物，同样含有丰富的蛋白质、维生素、碳水化合物，而且味道清淡，把咸鱼头和豆腐煲在一起风味独特。孙中山先生的父亲非常擅长做豆腐，曾经卖过豆腐，也经常做豆腐给大家吃。后来，孙中山先生还曾经撰文特别介绍豆腐和豆制品的营养价值。

三个大字，并落款"乾隆"。王小二这时才知道遇到了皇帝，赶紧跪在地上叩头谢恩。

后来，王小二真的开了家小餐馆，专卖鱼头豆腐这道菜，有了乾隆的御笔招牌，生意十分兴隆。他后来又不断改进了鱼头豆腐的做法，终于使"鱼头豆腐"成了杭州乃至全国的一道名菜。

在孙中山的家乡，广东省中山市翠亨村，民间流传着关于孙中山饮食的趣话。人们说，孙中山有两大饮食爱好：爱吃咸鱼头煲豆腐和大豆芽炒猪血。孙中山认为，科学饮食对人非常重要，人们的很多疾病都是由于饮食上不注意而造成的，生活在中国乡下的人们，他们的长寿之道在于多吃蔬菜。他爱吃大豆芽炒猪血是因为黄豆芽含有丰富的维生素、钙质和蛋白质，猪血里面也含有铁

延伸阅读

乾隆与天下第一菜

"天下第一菜"是江南的一道名菜，原名叫"锅巴虾仁"，民间俗称其为"平地一声雷"。这道菜称为"天下第一菜"，为当年乾隆皇帝亲口御封的。相传，有一次乾隆皇帝微服私访，在苏州一家小饭铺吃饭，店里的厨子用锅巴过油炸酥，再用鸡丝、虾仁、鸡汤熬成了汁，等送上餐桌时趁热将浓汁浇在锅巴上，顷刻间，香味四起。乾隆看到这道菜肴汤汁鲜艳，锅巴金黄，又美味四散，就立刻夹了一块放到嘴里。吃了之后就觉得这道菜味道独特，张口说道："此菜可称天下第一"。乾隆皇帝的话流传到了民间，"锅巴虾仁"开始逐渐被人们重视起来，这道"天下第一菜"的美名也流传遍了大江南北，逐渐成为了江南的一道传统名菜。

丁宝桢与"宫保鸡丁"

> "宫保鸡丁"作为一道美味菜肴，不仅早就成为享誉华夏的一道名吃，而且也已名扬四海，被世界所熟知了。关于这道菜，历史上有着许多有趣的话题。

宫保鸡丁是四川、贵州、山东等地风味的著名菜肴。制作这道菜时，需要选用肉质细嫩的童子鸡丁，再配以上好的辣椒和花生为辅料。此菜中的鸡肉细嫩，花生酥香可口，肥而不腻，辣而不燥，深得世人的喜爱。1986年，中国第一次参加卢森堡第五届美食展览及世界杯烹饪大赛时，就是以宫保鸡丁这道菜打头阵，结果赢得赞誉和褒奖。从此，宫保鸡丁走向了世界，成为世界各地的中餐餐馆中必备的保留菜品。

"宫保鸡丁"的得名

宫保鸡丁的得名，与清朝咸丰时期进士丁宝桢有关。宫保是中国古代的官名，又称"太子少保"，是辅导太子的官。丁宝桢是贵州平远人，清朝咸丰三年中进士，曾任山东巡抚，1876年升任四川总督，封太子少保。贵州平远向来以炒制鸡丁著称，据说丁宝桢从小喜欢吃用鸡肉和辣椒等菜炒出的菜肴，特别是家厨做的辣子鸡丁，鲜辣滑嫩、口味独特。

他在山东任职之时，就经常命家中的厨子制作"酱爆鸡丁"等菜肴。当上四川总督之后，他又特别喜欢用天府花生、嫩鸡肉、辣椒制作的炒鸡。每次设宴，他定会让厨师烹制此菜。即使是回故乡贵州省亲，他也对家里人要求："各位不必破费，只上炒鸡即可。"并且让家里人把辣椒、花生放在其中同炒。渐渐地，丁宝桢爱吃鸡丁的习惯被人们所熟知了。因为丁宝桢官居总督，当时人们尊称为"宫保"，加上他在山东任按察使时剿捻有功，被朝廷封以"太子少

◆ 宫保鸡丁

保"头衔，人们便将丁宝桢爱吃的这道菜称作"宫保鸡丁"。此菜在丁宝桢任四川总督之时就已经名扬省内，清末民初，这道菜更是风靡了全中国。因丁宝桢曾经在多地为官，四川、山东、贵州都将这道菜列入了本地的菜系当中。

用制作"宫保鸡丁"的手法判案

宫保鸡丁的传统做法最讲求快速和麻利。因其所选主料是鲜嫩的童子鸡肉，所以杀鸡、烫鸡、剔鸡、切丁都十分简单。烹饪这道菜时，要用热油大火，迅速翻炒。据说，烹制这道菜的过程最少只用两分多钟即可完成。所以，有人将宫保鸡丁制作过程中麻利和快速的特点，与丁宝桢处决当时大太监安德海使用的快刀斩乱麻的手法联系起来讨论，更给宫保鸡丁这道菜肴增添了戏剧性的色彩。

晚清时期，慈禧太后有个非常宠爱的太监，名叫安德海，人称"小安子"。清廷辛酉政变之后，慈禧太后与慈安太后垂帘听政，安德海也随之成为在宫中地位显赫的大人物，他为人飞扬跋扈，嚣张异常。清朝祖上留下的制度是不准许内监出京的，在1869年，安德海不仅秘密出京，还到处作恶，横行欺压百姓，恣意谋取私利。此时，丁宝桢正在山东任职巡抚。丁宝桢为人刚正不阿，听到安德海在山东德州嚣张滋事的消息以后，立即就给恭亲王奕訢上了一道奏折。奕訢平时也很看不惯安德海的为人和品行，便立即带着丁宝桢的奏折去见慈禧诉太后。当时的慈禧太后正在聚精会神地看戏，奕訢就将此奏折交给了慈安太后。慈安太后对安德

◆ 丁宝桢像

海的行为非常生气，就和奕訢商议由军机处拟旨，命令丁宝桢秘捕安德海，并且要就地处决。丁宝桢于是就干净利落地处决了安德海，等慈禧太后发谕旨救安德海时，安德海早已是人头落地。

延伸阅读

制作宫保鸡丁的注意事项

宫保鸡丁的原料：鸡肉(鸡脯或鸡腿肉)、花生米、干辣椒、花椒、蒜、红白酱油、醋、料酒、鲜汤、姜、葱、酱油、糖、生粉各适量。制作宫保鸡丁有几个注意事项：首先，要先把鸡肉拍松，再用刀改成1厘米见方的丁。花生米洗净，放入油锅炸脆，或用盐炒脆去皮。干辣椒去蒂去籽，切成1厘米长的节。姜、蒜去皮切片。葱白切成颗粒状。其次，要将切好的鸡丁用盐、酱油、生粉水拌匀。将盐、红白酱油、白糖、醋、味精、料酒、生粉水上汤调成汁。最后，烧热锅，下油，烧至六成熟时将干辣椒炒至棕红色，再下花椒，随即下拌好的鸡丁炒散，同时将姜、蒜片、葱粒下入快速炒转，加入调味汁翻炒，起锅时将炸脆的花生米放入即可。